Erik Renk

Das neue Gründen

Erik Renk

Das neue Gründen

Erfolgreich gründen in der digitalen Zeit –
Chancen, Tipps und Geschäftsmodelle

REDLINE | VERLAG

Bibliografische Information der Deutschen Nationalbibliothek:
Die Deutsche Nationalbibliothek verzeichnet diese Publikation in der Deutschen National-
bibliografie; detaillierte bibliografische Daten sind im Internet über **http://d-nb.de** abrufbar.

Für Fragen und Anregungen:
info@redline-verlag.de

1. Auflage 2019

© 2018 by Redline Verlag, ein Imprint der Münchner Verlagsgruppe GmbH,
Nymphenburger Straße 86
D-80636 München
Tel.: 089 651285-0
Fax: 089 652096

Redaktion: Christiane Otto, München
Umschlaggestaltung: Manuela Amode, München
Umschlagabbildung: Shutterstock/AVIcon, Rauf Aliyev
Satz: ZeroSoft, Timisoara
Druck: GGP Media GmbH, Pößneck
Printed in Germany

ISBN Print 978-3-86881-715-7
ISBN E-Book (PDF) 978-3-96267-042-9
ISBN E-Book (EPUB, Mobi) 978-3-96267-043-6

Weitere Informationen zum Verlag finden Sie unter

www.redline-verlag.de
Beachten Sie auch unsere weiteren Verlage unter www.m-vg.de

Inhalt

Vorwort

Herzlich willkommen in einer neuen Welt. Warum könnten wir das jeden Tag sagen? Weil sich die Technologie und das Wissen täglich erneuern. Wir können heute immer weniger Schritt halten und erfassen, was das für uns bedeutet. Selbst bahnbrechende Errungenschaften schaffen es manchmal gar nicht mehr in die Nachrichten, weil sie eine unter vielen sind. Sogar die Koryphäen in bestimmten Bereichen sind vielen Menschen unbekannt, wie wir, die Autoren dieses Buches, in Gesprächen immer wieder feststellen müssen. Die Herausforderung ist, dass wir immer weniger Zeit haben und immer mehr Daten verarbeiten müssen. Doch anstatt zu besseren Computern zu werden, ist es viel wichtiger, sich auf die Bereiche zu konzentrieren, die dem Menschen mehr liegen als den Maschinen.

Ein gutes Beispiel hierfür ist der Abschluss einer KFZ-Versicherung. Über eine Plattform gelingt dies schneller als über einen Versicherungsvertreter. Es ist einfacher, wenn sich eine App mit deinem Konto verbindet, automatisch nach günstigeren Versicherungstarifen sucht und dir Vorschläge macht, als einen Berater zu kontaktieren, ein Gespräch mit ihm zu vereinbaren, einmal durch die Stadt zu fahren, ihm alle Daten mitzuteilen, nur damit er dann diese wieder in einen Computer eingeben kann, um dir ein passendes Angebot zu unterbreiten. Schon jetzt sind gewisse Branchen durch neuartige Technologien einem massiven Veränderungsdruck ausgesetzt. Wenn es irgendwann nur noch Menschen gibt, die mit dem Internet aufgewachsen sind, wird es das »alte Modell« – wie in dem gerade aufgeführten Beispiel mit der Versicherung – nicht mehr geben. Denn vieles lässt sich umkehren, doch der technologische Wandel gehört nicht dazu. Man wird die Menschen nicht mehr dazu bringen können, auf ihr Smartphone oder das Internet zu verzichten.

Doch was hat das mit neuem Gründen zu tun? Ganz plakativ gesagt: Vor 30 Jahren wäre es das Richtige gewesen, eine Versicherungsagentur zu gründen und sich einen Kundenstamm aufzubauen oder zu übernehmen. Heute müsstest du stattdessen ein Programm schreiben, das sich mit den Konten deiner Kunden verbinden kann und anhand der Abbuchungen Versicherungsunternehmen erkennt. Daraufhin würde es sich automatisch vom Versicherer die relevanten Daten ziehen und passende Angebote erstellen, die du dann nur noch in der App bestätigen müsstest. Kein Papierkram, kein Stress, keine unnötigen Gespräche und mehr Zeit und Geld. Deshalb macht es aus unserer Sicht mehr Sinn, programmieren zu lernen und künftige Probleme zu erkennen, um darauf aufbauend neuartige Systeme und Prozesse erstellen zu können, als eine klassische Banklehre oder eine Ausbildung zum Versicherungskaufmann zu absolvieren oder BWL zu studieren. Darüber hinaus gibt es viele Bereiche, in denen zwar heute noch Menschen arbeiten, die aber in Zukunft den Technologien zum Opfer fallen werden.

Warum wir das befürworten? In den neuen Technologien liegen einzigartige Möglichkeiten, wie wir besser leben können. Zudem sind wir der Meinung, dass nicht alles im Silicon Valley erdacht werden sollte, sondern auch hier in Deutschland und Europa. Das setzt aber voraus, dass wir uns mit den Technologien auseinandersetzen und neugierig sind. Gerade bei den Themen Künstliche Intelligenz (KI) überlassen wir den USA und China wichtiges Terrain. Laut einem Strategiepapier von Roland Berger und Asgard Capital aus dem Jahr 2018 kommen lediglich 106 Firmen im KI-Bereich aus Deutschland. Im Vergleich dazu sitzen 1.393 KI-Unternehmen in den USA, davon 596 im Silicon Valley. In China sind es 383 Unternehmen.[1] Die USA liegen dabei besonders im Vorteil, da dort an renommierten Universitäten, wie beispielsweise der Stanford-University, das nötige Wissen gelehrt wird, es große, innovative Unternehmen wie Google und andere Medienkonzerne gibt und darüber hinaus ausreichend Kapital zur Verfügung steht.

Fast täglich rufen uns Gründer an und sagen, dass sie zwar eine Idee haben, ihnen aber der Programmierer fehlt. Unsere Antwort darauf ist immer die gleiche. In unserer von einer Sicherheitskultur geprägten Bundesrepublik kann es schwierig sein, jemanden zu finden, der deine Idee überhaupt unterstützen möchte und seinen sicheren Job aufgibt. Die Gründerquote hat erneut einen historischen Tiefstand erreicht. Da du dich entschlossen hast, dieses Buch zu lesen, gehörst du zu den wenigen, die sich trauen, einen anderen Weg zu gehen.

Du findest keinen Programmierer? Lerne am besten selber zu programmieren. Menschen mit diesem Know-how sind heute gefragt wie nie. Um Programmieren zu lernen, musst du keineswegs ein Studium absolvieren oder endlose Vorlesungen besuchen. Niemand muss heute mehr teilweise unmotivierten Professoren zuhören oder in überfüllten Hörsälen sitzen. Führende Elite-Universitäten wie Stanford veröffentlichen ihre Kurse online und auf diversen Plattformen. Auf YouTube, Udemy und Udacity kannst du mithilfe von Onlinekursen direkt von motivierten Praktikern lernen, wie du Apps programmierst, Daten analysierst, selbstlernende Systeme entwickelst und vieles mehr. Manche dieser Kurse gibt es bereits für weniger als 20 Euro. Das ist unvorstellbar, oder? Auch wenn es verrückt klingt: Wir behaupten, dass dir das gesamte Wissen für die Verwirklichung deiner Idee schon heute online zur Verfügung steht. Du musst es dir nur aneignen.

Natürlich liegt es nicht jedem, zu programmieren. Die zukünftigen Gründer, die kein Händchen dafür haben, sollten sich auf Bereiche konzentrieren, bei denen die soziale Interaktion im Vordergrund steht, beispielsweise bei den Themen Erziehung, Freizeit und Bildung. Gerade im Bereich der schulischen Bildung gibt es einen riesigen Bedarf an zukünftigen Alternativen. Nach unserem Empfinden hat das veraltete Schulsystem, welches das Ziel hat, nicht den Menschen nach seinen individuellen Bedürfnissen zu fördern, sondern ihn für den Arbeitsmarkt passend zu machen, ausgedient. Es ist demnach vollkommen in Ordnung, wenn ein Teil der Bevölkerung keinem klassischen Job mehr nachgeht. Warum wir das denken, erfährst du im Buchteil »Trends der Zukunft«.

Wir, die Autoren dieses Buches, sind Michael und Erik. Auch wir haben uns mit Mitte 20 nochmal neu erfunden. Michael war bei der Bundeswehr und hat eine Ausbildung zum Vermessungstechniker gemacht, während Erik sein erstes Unternehmen aufgebaut und BWL studiert hat. Gemeinsam haben wir ein Unternehmen gegründet, das Onlinekurse anbietet. Dafür haben wir uns einen Programmierer und Designer gesucht und teure 7.500 Euro für eine Website ausgegeben. Warum haben wir diese in Auftrag gegeben und nicht einfach selbst erstellt? Weil wir uns mit der Materie nicht auskannten. Das Geld ist zwar unwiderruflich weg, aber unsere Erfahrung nicht. Dies ist ein ganz entscheidender Punkt. Selbst wenn aus dir kein Programmierer wird, musst du heute trotzdem einschätzen können, wie ein solcher arbeiten sollte und was du mit dem Code erreichen kannst. Du solltest ein Gefühl dafür entwickeln, wie lange es dauern wird und wie viel es kosten wird, bis eine Lösungen erarbeitet wurde. Wir haben irgendwann unsere teure Website gelöscht und uns selbst beigebracht, wie man eine Website erstellt. Es war ein unbeschreibliches Gefühl, als wir uns diese wichtige Schlüsselressource angeeignet hatten und gelernt haben, wie man programmiert. Wir haben uns zahllose Onlinekurse angeschaut und bis in die Nacht gearbeitet. Heute verkaufen wir über unsere Shops und Websites viele Produkte und können einschätzen, ob ein Programmierer gute Arbeit leistet. Um einen Prototypen zu programmieren, legen wir auch gerne selbst Hand an. Wir haben uns zudem dazu entschieden, uns zumindest so weit in das Thema Deep Learning (Maschinelles Lernen) einzuarbeiten, bis wir wissen, wie erfolgversprechend das Ganze ist. Nach den ersten Versuchen können wir sagen, dass die Materie zwar sehr komplex ist, sich die Mühe aber lohnt. Darüber hinaus ist es am Anfang immer herausfordernd, neue Dinge zu lernen: Denke nur an den Moment, als du beispielsweise zum ersten Mal Auto gefahren bist.

Als Gründer ist es unabdingbar, offen für Veränderungen zu sein, hart zu arbeiten und hartnäckig genug zu sein, um Widerstände und schwierige Situationen durchzustehen. In diesem Buch werden wir bewusst immer wieder Beispiele aus der Praxis einflechten, damit du aus unseren Erfahrungen lernen kannst. So siehst du, vor welchen Herausforderungen wir standen und wie wir diese gelöst haben.

Im ersten Teil des Buches geht es darum, dich abzuholen. In den meisten Universitäten und Gründerberatungen wird veraltetes Wissen vermittelt. Sätze wie »Schreib erstmal einen Businessplan« nehmen den meisten Gründern die Euphorie. Vor 30 Jahren war dieser in der Tat wichtig, als man noch Kredite für die Produktion und den laufenden Betrieb beantragen musste. Aber ist ein Businessplan heute immer noch erforderlich? Wir glauben es nicht, zumindest nicht in der frühen Startphase. Denn viel wichtiger ist es, erstmal ein wirkliches gravierendes

Problem zu finden, eine Idee auszuarbeiten und alle störenden Prozesse, die die Kreativität unterbinden, auszublenden. Erst wenn Ideen getestet wurden und valide Kenngrößen gemessen wurden, macht es Sinn, mit diesem Wissen tatsächlich eine Planung zu machen. Solange du nicht weißt, ob überhaupt jemand dazu bereit ist, das Produkt zu kaufen, nützt es dir wenig, Annahmen zu treffen. Du würdest mit großer Wahrscheinlichkeit irgendwelche Zahlen und Hirngespinste in deinen Businessplan integrieren, die in dieser Form nicht eintreffen werden, aber einem Banker oder Investor das Herz höher schlagen lassen.

Erik ist Autor des Buches *Das Feierabend-Startup: Risikolos gründen neben dem Job*. Er möchte dir ein Verständnis für die heutige Zeit geben und dich dazu einladen, die wichtigsten Trends und Technologien im Auge zu behalten, die das Gründen aus seiner Sicht maßgeblich beeinflussen. Im ersten Teil des Buches lernst du, wie du daraus erfolgreich Ideen und Geschäftsmodelle entwickeln kannst.

Vor gut 60 Jahren hatten wir eine Nachfrageökonomie. Wer ein Produkt hergestellt hat, konnte es verkaufen. Die Nachfrage war groß, weil es weniger Vielfalt und keine gesättigten Märkte gab. Die Absatzpreise waren primär in der Kontrolle der Anbieter. Heute ist es genau umgekehrt. Wir können beispielsweise aus mehreren tausend Turnschuhen auswählen oder sie gleich selbst verkaufen. Es geht heute nicht mehr darum, Bedürfnisse zu decken, sondern zu wecken. Heute können nur noch die Anbieter Preise bestimmen, die sehr gute Qualität anbieten und dies auch entsprechend kommuniziert bekommen. Gerade dies ist ein wichtiger Punkt, dem wir uns im zweiten Teil des Buches widmen. Wie baust du erfolgreich ein Brand auf und schaffst es, in unserer Überflussgesellschaft Kunden zu erreichen? Die Produktion ist heute nicht mehr der Engpass. Wenn du zum Beispiel deine Waren in China produzieren lässt, kannst du deinen Onlineshop ganz einfach mit Alibaba Express verbinden und die Produkte direkt vom Hersteller an deine Kunden ausliefern lassen. Es gibt so gut wie kein Produkt, das nicht bereits existiert und nur darauf wartet, vermarktet zu werden. Du wirst erfahren, wie schwierig und zugleich einfach es geworden ist, erfolgreiches Brandbuilding und Marketing zu betreiben. Es ist schwierig für diejenigen, die sich auf die alten und etablierten Medien verlassen, und einfach für die Menschen, die neue Wege gehen und sich für die Zukunft richtig positionieren. Das ist die Aufgabe von Michael, der die Marke keimster und den Onlineshop keimster.de aufgebaut und erfolgreich gemacht hat.

Im dritten Teil geht es um deine innere Einstellung. Denn ein Unternehmen zu gründen, heißt immer auch, an sich selbst zu arbeiten. Wie kann man das verstehen? Es ist wichtig, sich mit seinem Unternehmen Ziele zu setzen. Wenn dir dies schwer fällt, solltest du dich dahingehend verändern. Du wirst merken, dass sich deine persönlichen Schwächen und Stärken auf das Unternehmen übertragen. Deswegen will Erik es nicht verpassen, seine Erfahrung mit dir zu teilen und dir die aus seiner Sicht wichtigsten »Erfolgsgesetze« näherzubringen.

Erik hat nach der Schule sein erstes Unternehmen gegründet und mittlerweile mehrere Firmen erfolgreich aufgebaut. Fehlentscheidungen blieben dabei nicht aus, sodass er jederzeit bei einer Fuck Up Night – ein Event, bei dem Gründer über ihre größten Fehlentscheidungen sprechen – auftreten könnte. (Eine Einladung steht aber bisher noch aus.) Insgesamt hat Erik in über zehn Jahren einen großen Erfahrungsschatz gesammelt. Auf dem Blog einfachstartup.de gibt er kostenlos Wissen an motivierte Gründer weiter.

Erik und Michael wechseln sich bei den einzelnen Kapiteln ab und erzählen aus ihrer jeweiligen Perspektive. Wir wünschen dir eine spannende Lektüre und gutes Gelingen beim spannenden zukunftsträchtigen Gründen!

Erik und Michael

Teil 1
Trends der Zukunft

Kapitel 1 :
Gründen früher, heute und morgen

Vom Untergang der Old Economy

Zeiten des Umbruchs sind nicht selten durch Chaos geprägt. Aktuell trifft das System des alten auf das des neuen Gründens. Doch worin besteht eigentlich der Unterschied? Bevor wir uns dem neuen Gründen widmen, betrachten wir das alte Gründen.

Früher gab es zwei unterschiedliche Herangehensweisen: Menschen, die sich selbstständig machten, und Unternehmer. Der Selbstständige tauscht Geld gegen Zeit. Er setzt seine Zeit ein und schafft es lediglich durch gezielte Weiterbildungen, seinen Stundenlohn zu erhöhen. Der Unternehmer tauscht Know-how gegen Zeit. Er hat das Wissen, wie er ein Produkt herstellt, und verkauft dieses. Es kommt weder auf seinen Zeiteinsatz noch auf seine Ausbildung an. Steve Jobs hatte beispielsweise keinen Universitätsabschluss. Dies ist jedoch völlig nebensächlich, wenn die Produkte solcher Unternehmer hervorragend sind. Bei Selbstständigen ist das meistens anders. Würdest du dich bei einem selbsternannten Arzt, der keine Ausbildung hat, einer Operation unterziehen? Auf die Vor- und Nachteile von Unternehmern und Selbstständigen gehe ich noch tiefer im Kapitel »Werde Meister deiner Gedanken« ein.

Die Banken finanzieren beispielsweise sehr gerne Freiberufler in der Gründungsphase. Da sie die Geschäftsmodelle von Steuerberatern, Ärzten und Rechtsanwälten kennen, sehen sie bei diesen Berufsgruppen weniger Risiken. Ich habe im Jahr 2012 mit einem Tierarzt ein Tiergesundheitszentrum gegründet und live miterlebt, wie gerne Banken Freiberufler finanzieren. Sie versuchen zudem, eine Menge unnötiger Umsatzprodukte zu platzieren. Das alte Geschäftsmodell war, eine Praxis zu gründen, wenig bis gar kein Marketing zu betreiben und zu warten, bis

Kunden kommen. Manche Berufsgruppen erlauben zudem nur bedingte Werbung. Lediglich durch kontinuierliche Weiterbildungen konnte der Stundenlohn erhöht werden. Aber auch hier war irgendwann eine Grenze erreicht. Die bekannte Aussage, dass Selbstständige alles »Selbst und ständig« machen müssen, trifft exakt auf diese Berufsgruppen zu. Ich kenne viele Freiberufler, die an der Grenze des Möglichen arbeiten. Wie wir im weiteren Verlauf dieses Teils über die Trends der Zukunft erkennen werden, ist besonders dieses Geschäft bedroht, da Algorithmen im Gegensatz zum Menschen ununterbrochen ohne Pause arbeiten und zunehmend auch komplexe Probleme lösen können, beispielsweise Diagnosen im medizinischen Bereich (Histologie), Buchhaltungsaufgaben oder inzwischen sogar juristische Arbeiten. Dadurch sind viele selbstständige Berufe stark gefährdet.

Dagegen werden Tätigkeiten, in denen man gerne mit Menschen zu tun hat (zum Beispiel im Pflegebereich oder als Personal Coach), auch in Zukunft nicht von Robotern erledigt werden. Anders sieht es beispielsweise bei Finanzbeamten aus. Schon jetzt entscheidet meistens ein Computerprogramm über die zu bearbeitenden Fälle, und die Aufgabe der Beamten ist es, diese Ergebnisse mitzuteilen. Doch wie sinnvoll ist das?

Die beliebten freiberuflichen Tätigkeiten wie Marketing und Design werden in Zukunft stark automatisiert werden. Zugleich wird es durch die Lifestyle-Gesellschaft immer weniger interessant, Zeit gegen Geld zu tauschen. Dies gilt insbesondere deshalb, da in der zukünftigen Gesellschaft tendenziell weniger gearbeitet wird. Die Arbeitszeit von Arbeitnehmern wird weiterhin sinken. In vielen Bereichen haben wir schon heute eine 35-Stunden-Woche. Folgende ehemals lukrative Branchen sind in Zukunft massiven Veränderungen ausgesetzt:

➤ Versicherungsagenturen
➤ Bankdienstleistungen
➤ Buchhaltung
➤ Marketing
➤ Finanzierungsvermittler
➤ Makleragenturen
➤ Hausverwaltungen

Kommen wir nun zum Old-Economy-Unternehmer. Dieser hat sich insbesondere damit beschäftigt, wie er Geld machen kann. Dabei war vielen oftmals egal, womit. In Zukunft stellt sich stattdessen die Frage, wie möglichst viel Sinn gestiftet werden kann. Das bedeutet, dass heutige Unternehmen etwas bewirken sollen, das über die reine Anhäufung von Reichtum hinausgeht. Durch das Internet sind Unternehmer äußerst transparent, da die Kunden direkt öffentlich einsehbares Feedback geben können. Unsere Gesellschaft ist eine Bewertungseconomy. Der Kunde sitzt damit am längeren Hebel. Zentraler Bestandteil jeder Gründung sollte demnach die Frage sein, wie Kunden erreicht werden können, Sinn gestiftet werden kann und mit welchem Marketing man so nah wie möglich an die Zielgruppe gelangt.

Jeder zukünftige CEO braucht digitale Kompetenzen und sollte mit den neuesten Möglichkeiten vertraut sein. Warum? Heute geht der Wandel wesentlich schneller vonstatten als vor fünf oder zehn Jahren. Dementsprechend sind zügige Anpassungen unabdingbar. Voraussetzung hierfür sind flexible und dynamische Strukturen in der Unternehmensführung. Gerade in den Bereichen Buchhaltung und Marketing werden durch die Automatisierung große Potenziale frei. Beim alten Gründen hat die rein finanzielle Motivation der Mitarbeiter funktioniert. In Zukunft werden sich jedoch immer weniger Menschen von größeren Schreibtischen, Firmenwagen und anderen extrinsischen Motivationen ködern lassen. Intelligente Köpfe können stattdessen, insbesondere im Bereich der KI-Forschung, besser mit Firmenanteilen und einer großen Vision an das Unternehmen gebunden werden. Die zukünftigen Teammitglieder wollen sich für etwas Sinnvolles einsetzen und langfristig auch am Firmenwert partizipieren. Da diese Generation immer später Kinder bekommt, kann sie besonders in den ersten zehn Jahren ihres Berufslebens größere Risiken eingehen.

In meinem ersten Buch habe ich an die bestehende Wirtschaft appelliert, das Modell der nebenberuflichen Selbstständigkeit einzuführen und Mitarbeitern sowohl die Chance zu geben als auch sie dabei zu unterstützen, ihre eigenen Projekte nebenberuflich selbstständig umzusetzen. Bei der Auswahl der Mitarbeiter für dein Startup zählen immer weniger die Abschlüsse, sondern Fähigkeiten und Charaktereigenschaften.

Und nur wer etwas wagt und Dinge ausprobiert, kann solche Fähigkeiten und Eigenschaften auch entwickeln und festigen. Heutzutage zählt besonders, ob sich die Menschen schnell in neue Bereiche einarbeiten können, und ob sie neugierig, flexibel, mutig oder risikobereit sind. Für Startups wird die klassische Finanzierung durch die Banken immer weiter in den Hintergrund rücken. Schon heute (Stand Juli 2018) ist ein Anstieg der Private-Equity-Gelder zu verzeichnen, die für Unternehmen in der Früh- und Wachstumsphase bereitstehen. Ich denke, dass sich dieser Trend fortsetzen und sich Banken noch mehr aus der Finanzierungsrolle zurücknehmen werden. Bereits heute gilt, dass Gründer ohne Sicherheiten große Schwierigkeiten haben, einen Bankkredit zu bekommen. Komplexe Finanzierungen werden in Zukunft wahrscheinlich fast ausschließlich über Wagniskapital finanziert werden. Ich begrüße diese Entwicklung, da sie weniger Risiken für den Gründer birgt. Geht das Geschäft nicht auf, muss der Gründer in der Regel herbe private Verluste hinnehmen, da sich Banken meist über eine private Bürgschaft absichern. Dies bringt riesige Probleme mit sich. Denn auch wenn das Unternehmen schlecht läuft, müssen die Bankraten und der Kredit aus dem Privatvermögen bedient werden.

Es macht Sinn, das hohe Risiko einer Gründung auch auf den Investor zu verteilen. Mir ist bewusst, dass viele Banken explizit für Gründungsfinanzierungen werben. Bitte hinterfrage dies kritisch, vor allem, wenn du keine Sicherheiten hast oder Zweifel daran hast, ob du diese wirklich einbringen möchtest. Beschäftige dich ausführlich mit dem Thema Haftung. Wenn du ein Unternehmen gründest, ist es vorteilhaft, wenn du es aus der Vogelperspektive betrachten kannst. Wenn du aber weißt, dass im Zweifelsfall das Einfamilienhaus deiner Eltern weg ist, ist das schwierig. In der vergangenen Welt war es üblich, auch mal eine GbR (Gesellschaft bürgerlichen Rechts) oder OHG (Offene Handelsgesellschaft) zu gründen. Heute geht es insbesondere darum, Dinge zu testen und daraus zu lernen. Es ist völlig normal, dass dabei einiges schiefgeht. Aus meiner Sicht machen die UG (Unternehmergesellschaft haftungsbeschränkt), eine GmbH oder eine Gesellschaft mit beschränkter Haftung eines anderen EU-Landes am meisten Sinn. Mehr dazu findest du im Kapitel 4 zum Thema e-Residency.

Am Anfang sind große Büros und Manpower eher belastend. Eine gute Strategie ist heute, in einem Co-Working-Space oder Makerspace zu starten. Du profitierst von der kreativen Atmosphäre und den vielen Austauschmöglichkeiten, hast aber niedrige Fixkosten. Du kannst die Organisation jederzeit umbauen, deine Zelte abbrechen und gegebenenfalls woanders wieder aufbauen. Das Einzige, was ein Unternehmer heute braucht, ist ein Laptop und eine gehörige Portion Mut.

Warum ein früher Businessplan hinderlich ist

Businesspläne verleiten oft zu absurden Annahmen. Nur weil du in einem Businessplan gewisse Summen errechnest, die du im zweiten Jahr erreichen möchtest, heißt das nicht, dass dies auch passiert. Oftmals unterbindet er stattdessen den kreativen Prozess. Viel zu früh wird danach gefragt, ob sich deine Geschäftsidee auch lohnt. Wie sollst du das wissen, wenn du das Problem und deine Idee noch gar nicht getestet hast? Ein Businessplan macht erst Sinn, wenn du deine Zahlen kennst. Du verlierst ansonsten nur kostbare Zeit. Im Anfangsstadium hat der Businessplan nämlich keinerlei Mehrwert für dich, sondern maximal für Banken oder Investoren. Jetzt und in Zukunft wird der kreative Prozess der Unternehmensgründung wichtiger denn je.

Der Wegfall von Marktbarrieren

Die vergangene Welt hat sich durch viele Marktbarrieren ausgezeichnet. Heute kann in vielen Ländern das Auto oder die Wohnung vermietet werden. Über Uber kann jeder innerhalb weniger Stunden zum Taxifahrer werden. Momentan leistet die Taxi-Lobby in Deutschland zum Schaden aller Verbraucher noch hartnäckigen Widerstand, aber wie lange wird diese durchhalten? Sukzessive werden viele Märkte aufgebrochen. Vor zehn Jahren war der weltweite Vertrieb von Waren wenigen Global

Playern vorbehalten. Heute kann jeder seine Produkte oder Dienstleistungen überall anbieten, beispielsweise über 99 Designs, Upwork oder Fiverr. Die Wirtschaft schafft gerade ihre eigenen Grenzen ab, und die Politik wird diesem Tempo nicht standhalten können.

Im ersten Schritt kann es sinnvoll sein, sich auf die nationalen Märkte zu fokussieren, es sollte jedoch nicht der letzte Schritt sein. Wir kommen später (in Kapitel 3) nochmal zum Thema Plattformökonomie. Hier gibt es den sogenannten Netzwerkeffekt. Je mehr Menschen dem Netzwerk beitreten, desto wertvoller wird es. Es geht um schnelles Wachstum und die Verdrängung von anderen Netzwerken. Dem deutschen Unternehmen studiVZ ist dies im Gegensatz zu Facebook nicht gelungen. Wie es mit Xing und LinkedIn aussieht, werden wir noch sehen.

Bevor wir uns den Trends der Zukunft widmen, hier nochmals eine **Zusammenfassung der Old Economy** (wobei es aber natürlich auch Pioniere und Ausnahmen gibt):

> Zu früher Fokus auf den Businessplan und somit Unterbindung des kreativen Prozesses
> Zu kleine Problemlösungen
> Zu wenig Skalierung
> Oftmals Beschränkung auf die nationalen Märkte
> Bis auf wenige Ausnahmen primär Finanzierungen durch die Banken
> Zu wenig Ausnutzung der entfallenen Marktbarrieren
> Teilweise Gründung von Personengesellschaften wie GbR oder OHG
> Zu hohe Fixkosten für Angestellte und Räumlichkeiten
> Zu viel Liquiditätsabfluss aufgrund zu hoher Abgaben in Deutschland
> Zu stark ortsgebunden
> Wenig Technologie in den Prozessen, beispielsweise der Buchhaltung
> Zu wenig Know-how im Bereich Marketing
> Extrinsische Motivation von Angestellten – keine Shares
> Wenig Gründungen in den Zukunftsbranchen
> Sicherheit geht vor Ausprobieren und Lernen
> Scheitern wird oft als Versagen ausgelegt
> Oft wird Zeit gegen Geld getauscht

➤ Fehlende Neugierde für Neues
➤ Das Geld verdienen steht zu stark im Fokus
➤ Das Unternehmen wächst nicht aus einer Nische heraus, sondern stellt sich von Anfang an zu breit auf

Trends are your friends

Warum ist es wichtig, dass du dir als Gründer über die zukünftigen Trends Gedanken machst? Es hat mit dem Gesetz des Unternehmertums zu tun: Kenne deinen Kunden besser als er sich selbst.

In erster Linie hat das Unternehmen keinen Selbstzweck. Es soll Menschen das Leben erleichtern und einen Mehrwert bieten. Dass man damit Geld verdienen kann, ist eine notwendige Bedingung. Um besser zu verstehen, in welcher Welt die zukünftigen Kunden leben, ist es unabdingbar, rechtzeitig die wichtigsten Einflüsse und Trends zu verstehen. Daraus kannst du nämlich Bedürfnisse und Probleme ableiten, die du im Idealfall mit deinem Unternehmen lösen kannst. Der Trend ist dein Freund, denn er führt zu steigender Nachfrage, von der du mit deiner Firma profitieren kannst. Eine optimale Ausgangsposition ist ein Markt, der noch unattraktiv ist oder den die großen Player zumindest noch nicht entdeckt haben.

Das zweite wichtige Gesetz leite ich aus dem Kampfsport ab: Never box a boxer. Was bedeutet das? Wenn du beispielsweise Karate machst und dich im Boxring mit einem Boxer messen willst, wird das Ganze wahrscheinlich nach drei Sekunden vorbei sein, zumindest wenn du nach den Boxregeln boxt. Der Boxer hingegen ist auf dem Gebiet des Boxens und bei einem Wettkampf nach seinen Regeln klar im Vorteil. Beißen, kratzen, schubsen, Stopptritte und vieles mehr mag zwar im Kampf effektiv sein, es ist beim Boxen aber nicht erlaubt. Was hat das mit dem Gründen zu tun? Nehmen wir an, der Boxer ist der etablierte Marktführer, der über eine große Organisation, ausreichend Liquidität sowie ein bestehendes Kunden- und Lieferantennetzwerk verfügt. Als kleiner Gründer bist du verloren, wenn du das Spiel mit den großen

Playern aufnimmst, da diese es einfach besser spielen als du. Das bedeutet, dass du ein anderes Spiel spielen musst, um deine Vorteile ausspielen zu können, und zwar aus einer Nische heraus. Deine Chance ist es, aus einem kleinen Markt heraus im Gleichschritt mit dessen Entwicklung zu wachsen.

In seinem Buch *Die 4-Stunden-Woche* beschreibt der Autor Tim Ferris, wie er es geschafft hat, im Jahr 1999 mit vier Wochen Vorbereitung bei den chinesischen Meisterschaften eine Goldmedaille zu gewinnen, weil er die Regeln gelesen und zwei Schlupflöcher genutzt hat. [2]

1. Das Wiegen fand am Tag vor dem Wettkampf statt. Er dehydrierte seinen Körper bewusst und nahm in 18 Stunden 28 Pfund ab. Nach dem Wiegen hyperhydrierte er wieder. Dadurch war er in einer niedrigeren Gewichtsklasse.
2. Wenn einer der Gegner dreimal aus dem Ring fliegt, hat dieser verloren. Er schubste also seine Gegner immer wieder aus dem Ring und gewann die Meisterschaft durch technische K.o.

Wichtig ist es, den Status quo zu hinterfragen und nicht sämtliche Dinge wie alle anderen zu regeln. Ich empfehle dir, Spielräume zu nutzen, sofern sie sich in einem ethisch vertretbaren und gesetzlich erlaubten Rahmen befinden.

Als Startup hast du folgende Vorteile:

1. Du kannst bei null anfangen und dir Zeit lassen, deine Geschäftsidee und das Modell zu entwickeln.
2. Du bist agil und kreativ und kannst neue und andere Wege gehen.
3. Du hast keine Stammbelegschaft, die erst überzeugt werden muss, einen neuen Weg zu gehen und den alten Weg aufzugeben.
4. Du musst nicht das bestehende operative Geschäft führen und dich gleichzeitig neu erfinden.

Gerade letzteres ist enorm schwierig, wie das Buch *The Innovators Dilemma: Warum etablierte Unternehmen den Wettbewerb um bahnbrechen-*

de Innovationen verlieren von Clayton M. Christensen belegt. Ein Beispiel ist der Technologiesprung von der Diskette zur CD-Rom. Nur wenige etablierte Unternehmen haben diesen geschafft, genau wie beim USB-Stick und letztendlich der cloudbasierten Lösung. Ein Unterschied ist hier Apple. Das Unternehmen hat es immer wieder geschafft, technologische Weiterentwicklungen mitzumachen oder auch einzuleiten, beispielsweise vom iPod zum iPhone.

Die wichtigste Voraussetzung ist, sich mit den aktuellen zukünftigen Problemen und Trends auseinanderzusetzen. Im folgenden Kapitel erhältst du einen ersten Einstieg in die neuesten Entwicklungen im Bereich Künstliche Intelligenz. Da die einzelnen Themen äußerst komplex und umfangreich sind, gebe ich dir am Ende einiger Kapitel noch zusätzliche Tipps für weiterführende Literatur.

Kapitel 2:
Künstliche Intelligenz

In den 50er-Jahren waren Computer noch relativ neu. Aber schon damals waren viele Forscher im Bereich KI davon überzeugt, dass es nicht mehr lange dauern wird, bis denkende Computer in der Realität angekommen sind. Es ist jedoch eine äußerst komplexe Angewohnheit, das alltägliche Wissen von Menschen auf eine Maschine zu übertragen. Hierzu zählen insbesondere Wahrnehmungsaufgaben, beispielsweise Fragen, die sich damit beschäftigen, wie sich ein menschliches Gesicht von dem eines Tieres oder einer Maske unterscheidet. Jahrzehntelang tippten Entwickler und Studenten diverse Regeln in den Computer ein, mit deren Hilfe es ihm gelingen sollte, Gegenstände zu unterscheiden. Als Grundlage hierfür dienten die unterschiedlichen Merkmale. In den folgenden Jahrzehnten hat sich gezeigt, dass es Algorithmen sehr schwer fällt, Dinge zu erledigen, die uns Menschen leicht fallen, und umgekehrt. Während wir keine Milliarden von Rechenoperationen in einer Sekunde durchführen können, schafft der Roboter es noch nicht, uns sicher einen Kaffee zu servieren, ohne dass dieser überschwappt. Es ist schon alleine ein ungeheuer komplexer Vorgang, aufrecht zu stehen und zu gehen. Wir sollten deshalb Demut vor dem menschlichen Geist und Körper haben, der jeden Tag ganz selbstverständlich Außergewöhnliches für uns leistet.

Die 80er-Jahre waren davon geprägt, dass künstliche neuronale Netze von Grund auf selbst lernten und dabei ihre eigenen Regeln angewandt haben. Hier wird die Struktur und Funktion des Gehirns nachgeahmt. Damit ein neuronales Netz lernt, benötigt es extrem viele Daten. Du kannst es mit einem Säugling vergleichen, der kontinuierlich Infos aus seiner Umgebung aufnimmt. Im späteren Verlauf werden im Gehirn relevante Verbindungen weiter genutzt und verstärkt. Das große Problem war früher, dass es sehr wenige digitale Daten gab, um den Computer zu füttern. Auch die Rechnerleistungen waren nicht ausreichend, um neuronale Netzwerke effektiv zu betreiben. Allein dein Smartphone leistet heute mehr als ein Hochleistungsrechner in den 80er- und 90er-Jahren. Heute herrschen ganz andere Voraussetzungen, und das Deep Learning, also das Lernen über tiefe neuronale Netzwerke mit über 100 Schichten, ist möglich. Der erste große Erfolg wurde 2009 verzeichnet. Geoffrey Hinton, ein 1974 in Großbritannien geborener Informatiker und Kognitionspsychologe, hatte ein Programm entwickelt, mit dem sich Sprache deutlich genauer in geschriebenen Text übersetzen ließ, als dies bei vorherigen Versuchen der Fall war.[3] Basis hierfür war ein gewöhnlicher Datensatz, den die Software im Vorfeld von alleine in wenigen Stunden trainiert hatte. Dies war ein enormer Unterschied zu den Systemen davor, die nicht selbstlernend waren und von Programmierern immer wieder verbessert werden mussten.

Das Ergebnis der Sprachübersetzung ließ die großen Smartphone-Hersteller aufhorchen. Innerhalb weniger Jahre stiegen alle großen und wichtigen Player aus der Tech-Branche auf Deep Learning um und beherrschen die Technologien heute. Dabei nutzen viele Unternehmen die Technik von Jürgen Schmidhuber, der Ende der 90er-Jahre bereits an den rekurrenten neuronalen Netzwerken forschte. Das am häufigste eingesetzte System ist LSTM (Long Short Term Memory), zu Deutsch langes Kurzzeitgedächtnis. Im Bereich der heutigen KI-Forschung sind nicht mehr Universitäten oder staatliche Einrichtungen ganz vorne, sondern private Unternehmen wie Google, Amazon und Facebook. Talente in diesem Bereich wollen nicht nur forschen, sondern auch durch Firmenanteile am wirtschaftlichen Erfolg partizipieren. So ist es zumindest in den USA der Fall, wo ein Großteil der KI-Zentren in der Welt beherbergt ist. In den USA gibt es laut dem KI-Report von Roland Berger (Stand 2018) 1.393 Startups, die sich mit KI beschäftigen. Im Vergleich dazu liegt China auf Platz zwei mit 382 Unternehmen. Die meisten Startups in den USA sitzen mit 596 Unternehmen in San Francisco. Die Vereinigten Staaten bringen weltweit die meisten KI-Zeitungen heraus und haben die meisten KI-Patente. Bereits 850.000 Menschen arbeiten in diesem Bereich.[4] Sie wissen, welche Möglichkeiten, Macht und Zukunft in dieser Technologie stecken. Die KI ist wie ein kleiner Schneeball, den man einen großen Berg herunterrollt. Die steigende Datenmenge, immer höhere Rechenleistung und das permanente Anlernen und Füttern der Systeme verbessern sie unwiderruflich. Aus meiner Sicht stellt KI den wichtigsten Trend dar, da es sich dabei nicht nur um einen neuen Industriezweig handelt, sondern KI ähnlich wie das Internet das Potenzial hat, sämtliche Industriezweige und die Gesellschaft zu verändern. Aus diesem Grund legen wir ein Hauptaugenmerk auf diese umfassende Technologie. Doch was genau bedeutet Künstliche Intelligenz überhaupt?

Künstliche Intelligenz (KI) ist auch unter dem Begriff Artificial Intelligence (AI) bekannt. Sie ist eine Teildisziplin der Informatik, bei der es um die Automatisierung von menschlichem, intelligentem Verhalten geht. Weitere Schlagworte in diesem Zusammenhang sind Machine Learning, Robotik, die natürliche Sprachverarbeitung, das maschinelle Übersetzen und auch Mustererkennung. Insbesondere vom Machine Learning ist Großes zu erwarten.

Ab wann ist eine Maschine intelligent?

Wer definiert eigentlich, ab wann eine Maschine intelligent ist? Vielleicht hast du schon mal etwas vom sogenannten Turing-Test gehört. Dieser wurde 1950 vom britischen Mathematiker Alan Turing entwickelt. Stell dir vor, du führst eine digitale Unterhaltung mit zwei Gesprächspartnern, die du weder siehst noch hörst. Einer davon ist ein Mensch, der andere ist eine Maschine. Die gesamte Kommunikation findet zum Beispiel über einen Chat statt. Wenn du im Nachhinein nicht sicher bist, welche Antworten vom Menschen sind und welche von der Maschine, gilt der Turing-Test als bestanden. Angenommen, du schaffst es, eine Software zu entwickeln, die diesen Test besteht und vor einer Expertenjury standhält, dann könntest du dich über 100.000 Dollar freuen. Diese Summe hat der amerikanische Soziologe Hugh G. Loebner für das erste Computerprogramm ausgerufen, das den Turing-Test meistert.[5] Auch wenn Forscher denken, dass es noch lange Zeit dauern wird, bis dieser Fall eintritt: Es ist keine Frage des Ob, sondern des Wann. Am Rande sei jedoch erwähnt, dass sich viele Wissenschaftler noch nicht wirklich einigen können, was genau Intelligenz ist: Ist es nur Logik, selbstständiges Lernen oder doch vielmehr soziale Interaktion?

Maschine Learning

Stark vereinfacht ausgedrückt beschreibt maschinelles Lernen die Kunst, einen Computer nützliche Dinge tun zu lassen, ohne ihn speziell dafür zu programmieren. Im Grunde erwirbt der Computer beim maschinellen Lernen durch ein künstliches System ständig neues Wissen. Es ist mit einem Menschen zu vergleichen, der ebenfalls kontinuierlich selbstständig aus seinen Erfahrungen lernt und eigenständige Lösungen für neue und unbekannte Probleme finden kann. Allerdings können die Algorithmen heute nur ein bestimmtes Problem lösen. Dass sie beliebige Probleme lösen, ist noch nicht absehbar. Das Ziel von Machine Learning ist es, Daten intelligent miteinander zu verknüpfen, Zusammenhänge zu erkennen, Rückschlüsse zu ziehen und Vorhersagen zu treffen. Dies unterscheidet sich von einer herkömmlichen Software, bei der die Vorgehensweise und Lösungen bereits vorbestimmt waren. Ein Beispiel hierfür ist der Befehl Command + P. Er bedeutet: Drucke die Datei.

Du kannst dir das maschinelle Lernen wie das menschliche Lernen vorstellen. Erinnere dich zurück, als du ein Kind warst. Dir wurden Bilder gezeigt, auf denen bestimmte Objekte zu sehen waren. Wenn du dir ein Tier angeguckt hast, beispielsweise einen Hund, und dir gesagt wurde, dass es ein Hund ist, konntest du später andere oder ähnliche Hunde selbst erkennen. Nach und nach konntest du diese unterscheiden und benennen. Der Computer macht im Grunde das Gleiche. Die Programmierer sagen dem System beispielsweise, dass ein bestimmtes Objekt ein Hund und ein anderes kein Hund ist. Die gelernten Ergebnisse der Software werden anschließend vom Entwickler überprüft. Somit kann sich der Algorithmus stetig verbessern, und irgendwann weiß der Computer, dass auf diesem Bild tatsächlich ein Hund zu sehen ist, und nichts anderes. Gerade in der Bilderkennung sind in den letzten Jahren erhebliche Fortschritte erzielt worden, für die es eine Vielzahl an interessanten Einsatzgebieten gibt.

Die Abgrenzung von Deep Learning zum rein maschinellen Lernen

Zwar gehört Deep Learning als Teilbereich zum maschinellen Lernen, es weißt aber trotzdem einen großen Unterschied auf: Beim Machine Learning bist du als Mensch insofern beteiligt, dass du die Daten analysierst und bei Bedarf in den Entscheidungsprozess eingreifst. Beim Deep Learning hingegen sorgst du lediglich dafür, dass dem Computer alle benötigten Infos zur Verfügung stehen und du die Prozesse dokumentierst. Es ist alleine Aufgabe des Computers, Prognosen abzuleiten, Analysen oder sogar Entscheidungen zu treffen. Du hast demzufolge auch keinen Einfluss darauf, was oder wie viel der Computer lernt. Dies macht es sehr schwierig, nachzuvollziehen, weshalb eine Maschine nun genau diese bestimmte Entscheidung getroffen hat. Dazu kommt, dass der Computer sich beim Deep Learning ständig selbst hinterfragt und gegebenenfalls auch seine Entscheidungen verbessert.

Wenn Maschinen Gefühle zeigen

Nur wenn du als Mensch Zugang zu deinen Gefühlen hast, bist du kreativ, hast Zugang zu deiner Intuition und kannst richtig handeln. Doch wie können Maschinen Emotionen beigebracht werden? Es ist nicht verwunderlich, dass dies den schwierigsten Bereich der Künstlichen Intelligenz darstellt. Aber nur, wenn eine Maschine Emotionen hat, wird sie von uns Menschen irgendwann als gleichwertiges Gegenüber akzeptiert werden. Dies ist das Spezialgebiet des Affective Computing. Hier beschäftigen sich Menschen damit, wie es gelingen kann, dass Maschinen die Signale unseres Körpers und den Ausdruck unserer Emotionen automatisch analysieren können. Ziel der Robotikforschung ist es, Roboter mit einer eigenen Logik für Gefühle zu versehen und dadurch den Ausdruck von Gefühlen besser gestalten zu können. Rein von der Komplexität der Programmierung stellt dies den obersten Quantensprung im

Bereich der Künstlichen Intelligenz dar. Wenn du dich jetzt fragst, ob es sowas schon gibt: Die Antwort ist ja. Wenn du in Japan zur Mitsubishi-Tokyo-Bank gehst, begrüßt dich kein Mensch, sondern ein Roboter namens NAO. NAO erkennt und analysiert sowohl Gesichtsausdrücke als auch Stimmlagen. Er begrüßt dich, kann dir in 19 Sprachen die richtige Antwort geben und führt dich zum Bankschalter.[6] Du siehst also, es ist nicht länger ein Szenario aus einem Science-Fiction Film, sondern passiert bereits in der realen Welt. Künstliche Intelligenz trifft auf Menschen vor Ort und interagiert direkt mit ihnen.

Die nächste Robotergeneration

Sophia ist einer der fortschrittlichsten Roboter der Welt und wurde vom in Hongkong ansässigen Unternehmen Hanson Robotics entwickelt. Sie ist der erste humanoide Roboter und wurde dadurch bekannt, dass sie im Vergleich zu herkömmlichen Robotern besonders menschlich aussieht und sich auch so verhält. Laut Hersteller besitzt Sophia künstliche Intelligenz. Sie kann nicht nur Daten visuell verarbeiten, sondern erkennt auch Gesichter und ist dazu imstande, gewisse Fragen zu beantworten und einfache Gespräche über vordefinierte Themen zu führen, beispielsweise das Wetter. Als weltweit einziger Roboter besitzt Sophia sogar die Staatsbürgerschaft, die ihr am 25. Oktober 2017 von Saudi-Arabien verliehen wurde.[7]

Die Firma Boston Dynamics aus San Francisco ist für ihre laufenden Roboter bekannt. Sie wurde vor mehr als 25 Jahren gegründet und hat bereits Roboter für das US-Militär entwickelt. In Kürze sollen die ersten Geräte zum kommerziellen Verkauf angeboten werden, so zum Beispiel der vierbeinige Roboter SpotMini, der dem Aussehen eines Hundes nachempfunden ist. Das Gerät ist über 30 Kilogramm schwer und ist in der Prototyp-Erstellung deutlich günstiger als bisherige Modelle. Er bietet Kunden die Möglichkeit, ihn mit zusätzlichen Geräten für verschiedenste Einsatzgebiete ausrüsten zu können. Denkbar wäre beispielsweise für Unternehmen der Einsatz als eine Art Wachpersonal. Der Roboter bewegt sich mithilfe von Kameras, die sowohl vorne, an den Seiten als auch hinten angebracht sind. Durch die Integration von weiteren Kameras könnte der autonome Roboter das Firmengelände ablaufen oder Treppen in Hochhäusern kontrollieren. Aber auch die Bauindustrie ist ein möglicher Einsatzort. Im Jahr 2018 sollen erstmals 100 SpotMini-Roboter für den Verkauf produziert werden, bevor die Produktion bei guter Annahme ausgeweitet wird.[8] Ein weiterer Roboter der Firma ist Atlas. Der zweibeinige Roboter kann Pakete aufheben und sortieren, springt auf Hindernisse und kann joggen.

Die primären Anwendungsbereiche für KI

WATSON

WATSON ist ein Computerprogramm mit Künstlicher Intelligenz von IBM. Es kann Fragen beantworten, die via natürlicher Sprache eingegeben wurden. Seine Leistungsfähigkeit wurde erstmals in der Quizsendung Jeopardy! demonstriert.[9] Die Software trat erfolgreich gegen zwei Gegner an, die in den vorherigen Spielen hohe Summen gewonnen hatten. Doch auch in der Realität hat WATSON bereits für große Veränderungen gesorgt. Bei einer japanischen Versicherung konnten über 30 Mitarbeiter durch WATSON ersetzt werden.[10] Es sind nicht mehr länger Menschen erforderlich, um sich mit den Daten der Versicherten zu beschäftigen und zu prüfen, ob die medizinische Vorgeschichte einen Versicherungsschutz zulässt. Das Ziel von WATSON ist es, eine hochwertige semantische Suchmaschine zu schaffen. Du sprichst eine Frage aus und bekommst darauf in kürzester Zeit eine plausible Antwort. Dies funktioniert mit einer riesigen Datenbank, die im Hintergrund läuft und die entsprechenden Fakten findet. Ein möglicher Einsatzort der Software ist auch die medizinische Diagnostik. Im Grunde ist sie überall dort eine Erleichterung, wo komplexe Entscheidungen unter Zeitdruck getroffen werden müssen.

AlphaGo

Das Programm AlphaGo hat weltweit für Aufsehen gesorgt. Entwickelt wurde es von DeepMind, einer Tochterfirma von Google. Im asiatischen Raum ist das Strategiespiel Go äußerst beliebt. Nun wurde der beste Profispieler von der Software besiegt. Das Besondere dabei ist, dass sich AlphaGo das Spiel quasi selbst beigebracht hat. Es hatte bereits im Vorfeld 60-mal gegen Alpha-Go-Profis gespielt und jedes Mal gewonnen.[11] Frühere Versionen von AlphaGo wurden unzählige Male im Zusammenspiel mit starken, menschlichen AlphaGo-Spielern trainiert. Mittlerweile gibt es die vierte Version des Programms, AlphaGoZero, die sich das Spiel nur aufgrund von Spielregeln selbst beigebracht hat. In internen Tests hat sie die Master-Version von AlphaGo nochmals übertroffen. Es gibt momentan keinen stärkeren Go-Spieler als diese Software. Zudem verbessert sie sich laufend, indem sie gegen sich selbst spielt. Sie ist schon jetzt wesentlich stärker als die Version, die 2016 gegen den Go-Profi Lee Sedol gewonnen hatte. Ist es nicht erstaunlich, dass es einem Computer in solch kurzer Zeit gelungen ist, intelligenter zu sein als die Menschen, die sich intensiv mit dem seit Jahrhunderten überlieferten Wissen zu diesem Spiel auseinandergesetzt haben? DeepMind will Künstliche Intelligenz aber nicht nur einsetzen, um zu spielen, sondern um die echten Probleme zu lösen.

Automatisiertes Fahren

Es steht außer Frage, dass das autonome Fahren kommen wird – die Frage ist nur, wann. Warum ist dies so sicher? Schauen wir uns die technische Lösung aus Sicht eines Transportunternehmens an. Durch autonomes Fahren können die LKW sicher rund um die Uhr unterwegs sein. Viele Probleme wie Lenkzeiten, Personalmangel und ähnliches können dadurch gelöst werden. Die ersten Robo-Trucks fahren bereits auf US-Highways, beispielsweise in Kalifornien und Nevada. Selbst Flugzeuge fliegen heute schon autonom. Lediglich beim Start und bei der Landung greifen Menschen ein. Genauso wird es mit dem Zugverkehr sein. Es wird nicht mehr lange dauern, bis auch dort autonomes Fahren zur Normalität wird. Bereits heute gibt es U-Bahnen und Airport Shuttles, die das tun. Mithilfe von Deep Learning erkennen autonome Fahrzeuge automatisch, wo beispielsweise Stoppschilder, Ampeln oder Fußgänger zu beachten sind. Somit können in Zukunft einfacher Unfälle verhindert werden.

Tesla will seine Autos in Zukunft mit einer Technik ausstatten, mit der vollkommen autonomes Fahren möglich ist. Allerdings dürfen diese selbstfahrenden Teslas lediglich mit Freunden, Familie oder mittels privatem Carsharing eingesetzt werden. Die Nutzung zu Geschäftszwecken ist auf fremden Plattformen ausgeschlossen. Somit ist es Taxifahrern in Zukunft nicht möglich, quasi vollautomatisiert Geld zu verdienen. [12] Der CEO von Tesla, Elon Musk, hat die Vision, dass die Tesla-Besitzer künftig mit der Lösung von Tesla auch dann Geld verdienen können, wenn sie beispielsweise im Urlaub oder im Büro sind. Via App wird der Wagen im Tesla Network freigegeben und kann dann als selbstfahrendes Taxi Passagiere transportieren. Das Carsharing-Verbot von Tesla ist streng an das autonome Fahren geknüpft. Wenn der Fahrer selbst hinter dem Steuer sitzt, kann das Auto für Uber und Co. genutzt werden. Viele sind beim Thema autonomes Fahren noch skeptisch. Aber wenn wir zurückdenken, war es genauso unvorstellbar, dass Automobile die bis dato gängigen Pferdekutschen vollständig ablösen würden. Beides kann aber nicht zusammen funktionieren. Die Pferde hatten damals Angst vor den lauten Autos, und die Autofahrer wurden durch die Pferde behindert. Es wird zukünftig auch nicht möglich sein, den Wagen selbst zu steuern, während alle anderen Autos autonom fahren. Die Vorteile von selbstfahrenden Autos liegen auf der Hand, wenn bedacht wird, dass 90 Prozent aller Verkehrsunfälle durch menschliches Versagen zustande kommen. [13]

Luft- und Raumfahrt, Verteidigung

Um für Einsatzkräfte sichere oder gefährliche Zonen klassifizieren zu können, werden mithilfe von Deep Learning über Satelliten Objekte identifiziert. Diese werden dann entsprechend zugeordnet, wodurch sich die Sicherheit deutlich erhöht. Höchstwahrscheinlich ist dieses

Thema für eine Neugründung allerdings zu komplex, und deshalb führen wir es primär nur zur Vervollständigung des Themenkomplexes auf.

Medizinische Forschung

Mithilfe von Deep Learning können Krebsforscher automatisch Krebszellen erkennen. An der University of California wurde ein Mikroskop gebaut, dem es gelingt, eine hochdimensionale Menge an Daten bereitzustellen.[14] Diese werden zur Hilfe genommen, um Deep-Learning-Anwendungen so zu trainieren, dass sie Krebszellen sicher und genau erkennen können. Ärzte, die wenige Ressourcen im Bereich Krebszellenerkennung haben, können durch diese Technik effektiv unterstützt werden. Ein Unternehmen, das KI im Medizinbereich einsetzt, ist die Ada App von der Ada Health GmbH. Anhand von Mustern und Symptomen und Anhand deiner Daten wie Körpergröße und Gewicht sollen Rückschlüsse auf Krankheiten geschlossen und Behandlungen vorgeschlagen werden.

Computer im Finanzbereich

Unter dem Begriff Hochfrequenzhandel (HFH) oder auch High Frequency Trading (HFT) versteht man einen mit Computern betriebenen Handel mit Wertpapieren, der sich durch kurze Haltefristen und hohen Umsatz auszeichnet. Diese Hochleistungsrechner handeln innerhalb von Sekunden bis hin zum Mikrosekundenbereich selbstständig oder mit Unterstützung eines Menschen. Dabei liegen zuvor programmierte Algorithmen zugrunde, die auf Marktveränderungen reagieren und daraufhin Handelsentscheidungen treffen. Im Anschluss wird eine Order an die jeweilige Börse übermittelt. Deep Learning wird HFT wahrscheinlich ablösen. Ähnlich wie HFT basieren Deep-Learning-Strategien nicht auf vorgefertigten Hypothesen, sondern untersuchen Daten auf nützliche Informationen. Allerdings werden die Unternehmen hier nur kurzzeitig einen Vorteil haben, bis alle anderen auch auf Deep Learning umrüsten.

Sprachassistenten

Bei den Sprachassistenten geschehen momentan spannende Entwicklungen. Insbesondere in den eigenen vier Wänden gibt es eine Vielzahl von Anwendungsmöglichkeiten. Somit kannst du beispielsweise beim Bügeln ganz bequem nach Rezeptideen fragen oder dir beim Kochen die nächsten Schritte vorlesen lassen. Auch in der Arbeitswelt haben Sprachassistenten enormes Potenzial. Überlege nur, wie viel Zeit es spart, wenn du mit wenigen Worten einen Beitrag zu einer Konferenz oder eine Einladung erstellen kannst. Allerdings kann es auch ermüdend sein, den gesamten Arbeitstag redend zu verbringen. Sehr praktisch ist der Einsatz im Auto. Als Gründer könntest du beispielsweise bequem von unterwegs aus Mails diktieren oder Telefonkonferenzen abhalten. Der Google Assistant soll in Zukunft Nachfragen per Telefon stellen. Mögliche Einsatzmöglichkeiten sind beispielsweise automatische Anrufe beim Arzt oder Friseur. Spannend ist, dass der Google Assistant auch auf Nachfragen reagieren kann, ohne sämtliche Informationen zu kennen, beispielsweise die Art des Haarschnitts. Durch den Einsatz von realistisch wirkenden Stimmen wird ein authentisches Gespräch kreiert. Die Funktion nennt sich Duplex und sie soll im Laufe des Jahres 2018 getestet werden.[15] Bei einer Studie der amerikanischen Marketing- und Beratungsagentur Stone Temple Consulting wurden die bekanntesten und am häufigsten genutzten Sprachassistenten getestet.[16] Hierzu zählen neben dem Google Assistant auch Alexa von Amazon, Cortana von Microsoft und Siri von Apple. Wie du zukünftig dein Marketing für die semantische Suche ausrichtest, erfährst du von Michael im zweiten Teil.

Chatbots

Im Zusammenhang mit Künstlicher Intelligenz, Machine Learning und Robotern fällt oftmals der Begriff Chatbot. Dies ist eine Art Roboter, der dir bei deinen Suchanfragen hilft, sei es nach dem aktuellen Wetter, Nachrichten oder dem Versandstatus des Päckchens, auf das du wartest. Der Chatbot durchsucht hierfür das Netz sowie bestimmte Datenbanken nach den Antworten auf deine Frage und liefert diese automatisch. Gleichzeitig sollen Chatbots von den Nutzereingaben lernen, damit die Antworten personalisiert sind und möglichst gut passen. Der Chatbot schafft dies, indem er auch die Nutzerdaten sammelt und auswertet, die der Nutzer gar nicht eingegeben hat. Das sogenannte Profiling ist kritisch, was den Datenschutz anbelangt. Solltest du für dein Unternehmen einen Chatbot einsetzen, musst du die jeweilige Datenschutzerklärung prüfen. Chatbots können einen Großteil des Kundendienstes übernehmen. Das Daily Business wird automatisiert, was gerade für dich als Gründer sehr interessant sein könnte. Aktuell testet Vodafone einen Chatbot im Kundenservice.[17] Hier kann in Zukunft der Consumer Support auf Autopilot gestellt werden.

Vielleicht hast du schon mal von Bernie, dem Tinder-Bot gehört. Die Idee dazu hatte Justin Long, ein 28-jähriger Programmierer aus Vancouver. Um nicht mehr ständig wischen zu müssen, schrieb er kurzerhand einen Algorithmus. Allerdings gab er sich nicht damit zufrieden, einfach nur einen Bot zu entwickeln, der automatisch nach rechts wischt. Er wünschte sich stattdessen, dass die App automatisch anhand der gezeigten Gesichter erkennt, ob ihm die Frau gefällt oder nicht. Den entsprechenden Algorithmus ergänzte er um eine automatisierte Gesichtserkennung. Als Daten legte er seine früheren Entscheidungen zugrunde. Dadurch lernte der Bot, welche Frauen der Programmierer attraktiv findet. Bei einem Match startete der Chatbot automatisch ein Gespräch. Bejahte die Frau die einfache Frage, erhielt sie sofort eine weitere Frage. Anschließend stieg Long persönlich in das Gespräch ein. Zwar hat Justin Long dadurch nicht die Liebe seines Lebens gefunden, aber immerhin eine Beziehung, die mehrere Monate hielt. Damit auch andere Nutzer diese praktische Funktion nutzen konnten, stellte er im Sommer 2016 eine App namens Bernie vor. Gegen eine monatliche Gebühr von 2 Dollar wischte sich die App durch Tinder und verschickte vorgefertigte Sprüche an die gewünschte Zielgruppe. Die Nutzer konnten beispielsweise individuell einstellen, wie wählerisch der Algorithmus bei der Auswahl der Gesichter sein soll. Auch eigene Sprüche konnten eingegeben werden. Bernie musste allerdings mit sofortiger Wirkung aus dem Netz genommen werden, nachdem Long von Tinder dazu aufgefordert wurde.[18]

Weitere Einsatzmöglichkeiten für Machine Learning

Woher weiß Netflix, welche Serien und Filmen dir gefallen könnten? Und wieso erscheinen bei Amazon Empfehlungen, die deinen Geschmack treffen? All diese Technologien basieren auf Machine Learning. Auch Facebook nutzt sie für die Funktion der Gesichtserkennung.[19] Unterstützt hast du die Plattform, indem du in der Vergangenheit Personen in deinen Fotos markiert hast. Nur dadurch war Facebook in der Lage, die weltweit größte Sammlung an menschlichen Gesichtern zu generieren. Zur Zusammenführung nutzt das Unternehmen eine Datenbank, die wiederum als Grundlage dient, um die Maschinen entsprechend zu trainieren. Übrigens steckt maschinelles Lernen auch hinter E-Mail-Anwendungen, die automatisch Spam erkennen. Dazu analysiert der Computer die in der E-Mail enthaltenen Daten und kategorisiert sie gemäß der erkannten Muster in Spam oder Nicht-Spam.

Was ist, wenn Maschinen intelligenter als der Mensch werden?

Der bekannte Zukunftsforscher Ray Kurzweil hat prognostiziert, dass die KI erstmals im Jahr 2045 intelligenter sein wird als der Mensch.[20] Ob darauf Verlass ist, sei dahingestellt. Es ist nämlich nicht neu, dass Menschen prognostizieren, dass die Maschinen bald die Herrschaft übernehmen. Bereits im Jahr 1965 war der KI-Forscher Herbert A. Simon der Meinung, dass in den nächsten 20 Jahren ein solcher Wandel stattfinden soll.[21] Doch selbst heute ist es noch nicht möglich, sämtliche menschliche Arbeiten von Maschinen übernehmen zu lassen.

Ray Kurzweil beruft sich dagegen auf das Moore's Law: Ein Techniker von Intel hatte irgendwann die sich selbst erfüllende Prophezeiung ins Leben gerufen, laut der es etwa alle 24 Monate eine Verdopplung der Transistoren von Computerchips geben soll. Durch das exponentielle Wachstum steigert sich die Leistung enorm. Zum jetzigen Stand treffen die Vorhersagen von Kurzweil noch nicht zu. Einig sind sich die

KI-Forscher allerdings, dass es nicht eine Frage des »Ob« ist, sondern vielmehr des »Wann«.

Wie du siehst, ist die Künstliche Intelligenz schon alleine über das Smartphone in unserem täglichen Leben angekommen. Es ist alles andere als eine weit entfernte Technologie. Dennoch bist du noch nicht zu spät, wenn du diese Technologie für dich einsetzen willst. Aus meiner Sicht musst du jedoch schnell handeln, da gerade massive Investitionen in diesen Bereich fließen. Kritiker gab es schon immer – ob beim Webstuhl, Buchdruck, Computer oder E-Mails. Als in den Fabriken die ersten Webstühle eingeführt wurden, gab es in Form der sogenannten Maschinenstürmer eine Protestbewegung. Diese fürchtete die sozialen Folgen der Mechanisierung in der Industriellen Revolution. Heute haben wir uns längst an automatisierte Produktionsmittel gewöhnt. Doch die Technologie benötigt klare Regeln und muss zum Guten entwickelt werden.

Wir befinden uns mittlerweile in der vierten Medienrevolution der Menschheit. Die erste war die Erfindung der Sprache, die zweite die Schrift und die dritte der Buchdruck. Durch die Einführung des Buchs als Massenmedium war das Wissen nicht länger in Bibliotheken eingesperrt und wenigen Menschen zugänglich, sondern es war plötzlich für jeden verfügbar. Die damalige Gründerzeit ist durchaus mit den Garagenfirmen in Kalifornien zu vergleichen, die vor der letzten Jahrtausendwende groß wurden. Es wurden damals sogar Stimmen laut, die die Druckereien mit ihren unkontrollierten Massentexten verbieten wollten. Dennoch wurde das Buch genau wie der Apple-Computer zu einem Weltbestseller und Statussymbol. Früher wie heute ist das gleiche Muster zu finden, wenn es um Neuerungen geht. Von den Trends der Zukunft werden diejenigen profitieren, die sie rechtzeitig für sich nutzen. Diejenigen, die dagegen sind und an Altem festhalten, werden den Anschluss verpassen.

Die KI kann unser Freund sein, der uns von vielen Arbeiten befreit. Die frei gewordenen Ressourcen kannst du wieder in andere Bereiche deines Startups investieren.

Kapitel 3:
Weitere Entwicklungen im Bereich der Digitalisierung

Stärkere Netze

Die Netze der nächsten Generation (5G) können wesentlich mehr Daten in kürzerer Zeit verarbeiten. Dies ist eine wichtige Voraussetzung für viele andere Entwicklungen, beispielsweise das autonome Fahren. Dadurch kann eine erheblich höhere Sicherheit erreicht werden, weil das Auto mit anderen Verkehrsteilnehmern, Ampeln oder anderen Systemen kommunizieren kann. In diesen Bereich gehört das Thema Smart City, das nichts anderes bedeutet, als alle Teilnehmer und Systeme einer Stadt zu vernetzen. Voraussetzung hierfür ist eine gute Abdeckung und schnelles Internet. Auch autonome Roboter sollen mithilfe des 5G-Netzes blitzschnell kommunizieren. Flächendeckend verfügbar soll es voraussichtlich ab 2020 sein.[22] Die Daten fließen durch Stromnetze in kleinste Rechenzentren und von dort weiter zum Smartphone und zu Sprachassistenten. Durch die Telekom wurden in Vorbereitung für das 5G-Netz 40.000 Kilometer Glasfaser verlegt. Das neue 5G-Netz soll 100-mal schneller sein als das mittlerweile verbreitete LTE-Netz. Insbesondere Autos, Fabriken und die Industrie werden von dem kostenintensiven Ausbau der Netzwerke profitieren.

Industrie 4.0

Mit dem Begriff Industrie 4.0 wird oftmals eher eine Evolution als eine Revolution bezeichnet. Es bedeutet, dass die Menschen, die noch in der

Produktion verbleiben, ihre Aufgaben zum Großteil von einem Computer und nicht von einem Menschen gestellt bekommen. Die Kommunikation geht also von der Maschine zum Menschen und nicht wie früher vom Menschen zur Maschine. Es werden in Zukunft noch mehr Fertigungsschritte auf Maschinen verlagert werden. Es ist auch möglich, in Echtzeit individuell zu produzieren, indem die herzustellenden Produkte den Maschinen mitteilen, wie sie aussehen und welche Bauteile verwendet werden sollen. Da Industrie 4.0 zu Jobverlusten und tiefgreifenden Veränderungen führt, steigen Ängste auf. Diese waren jedoch bei den vorherigen industriellen Revolutionen ebenfalls vorhanden. Menschen sehnen sich in unsicheren, von Veränderung geprägten Zeiten nach dem Alten zurück. Diesen Effekt haben wir auch heute. Menschen verstehen die Welt nicht mehr und fühlen sich vom technologischen Fortschritt überfordert. Wenn wir uns an die Generation nach dem Weltkrieg erinnern und Revue passieren lassen, welche Veränderungen sie in den letzten 70 Jahren durchgemacht hat, ist das nur nachvollziehbar. Dennoch: Das Alte wird es bald nicht mehr geben. Deshalb sollte sowohl die politische als auch die wirtschaftliche Energie darauf ausgerichtet werden, die Zukunft für alle positiv zu gestalten und nicht im Alten zu verharren.

Um dir zu zeigen, welche Veränderungen die Menschen bereits in den letzten 200 Jahren erlebt haben, folgt nun ein kurzer Überblick über alle vergangenen industriellen Revolutionen.

Industrie 1.0

1800 gab es die erste Maschinenproduktion. Während die ersten Maschinen noch alleine durch die Kraft von Menschen betrieben wurden, beispielsweise Webstühle, wurden schon bald mechanische Produktionsanlagen entwickelt, die mithilfe von Wasser- und Dampfkraft betrieben wurden. Dies war der Startschuss für die ersten Eisenbahnen sowie die Schwerindustrie. Weitere Industrien wie die Dampfschifffahrt, der Kohleabbau und die Tuchherstellung entstanden. Auch der Textildruck wurde dadurch möglich. Es war die erste Stufe der Automatisierung und hatte eine große Landflucht zur Folge, weil in den Fabrikhallen der Stadt neue Arbeitsplätze entstanden. In England haben Arbeiter für minimalen Lohn und eine verschlechterte Lebenserwartung etwa 82 Stunden in der Woche gearbeitet. Dennoch hat die erste industrielle Revolution zur Verbesserung der allgemeinen Lebensumstände geführt, auch wenn diese Entwicklung mit dramatischen Umwälzungen verknüpft war, als aus Bauern auf einmal Arbeiter wurden. Hier fand ein großer Systemwechsel vom Eigenversorger als Bauer zum Fremdversorger statt. Der Landwirt hat früher als erstes an sich selbst gedacht und versucht, seine Ernte vor allen möglichen Gefahren zu beschützen. Sein Leben war von Mangel und Angst geprägt, weil er der Natur ausgeliefert war. Er war jedoch nicht auf andere angewiesen. Ein Fremdversorger ist davon abhängig, was andere für ihn produzieren. Er gibt sein tägliches Überleben in fremde Hände. Um das Jahr 1800 arbeiteten 75 Prozent der deutschen Bevölkerung auf dem Land. 1950 waren es nur noch 13,5 Prozent.[23] Heute arbeiten weniger als 2 Prozent der Menschen in der Landwirtschaft, und auch diese versorgen sich nicht selbst, sondern gehen in einem Supermarkt einkaufen oder bestellen online. Des Weiteren hat es Carl Bosch geschafft, eine der wichtigsten Innovationen des 20. Jahrhunderts durchzuführen: Die Gewinnung von Stickstoff aus der Luft, um Kunstdünger herzustellen. Ohne diese Erfindung könnte heute die Bevölkerung nicht ernährt werden, und die Bevölkerungsexplosion hätte gar nicht erst stattfinden können.

Industrie 2.0

Ende des 19. Jahrhunderts war der Startschuss der Industrie 2.0. gelegt: Elektrizität konnte nun als Antriebskraft verwendet werden. Henry Ford entwickelte das Modell T, was vor 1972 das meistverkaufte Automobil der Welt war. Zwischen 1908 und 1927 wurden in den USA 15 Millionen Stück gebaut.[24] Möglich wurde diese Massenproduktion durch die Einführung der Arbeitsteilung. Es war die Geburtsstunde der klassischen Fabrikarbeit, die stetig automatisiert wurde und Akkord- und Fließbandarbeit beinhaltete. Durch die stetige Arbeitsteilung nahm die entfremdete und monotone Arbeit zu. Es ist ganz natürlich, dass sich im 19. und 20. Jahrhundert die Gewerkschaften entwickelten, um für bessere Arbeitsbedingungen zu protestieren. In Deutschland entstanden die ersten politischen Parteien. Durch die Einführung von Telefon und Telegraf konnten auch bei Büroarbeitsplätzen die Arbeitsprozesse beschleunigt werden. Zudem nahm die Globalisierung langsam Fahrt auf und Produkte wurden via Luft- und Schifffahrt erstmals über Kontinente hinweg transportiert. Sowohl Kleidung, Rohstoffe, Lebensmittel als auch die Herstellung von Automobilen war automatisiert möglich.

Industrie 3.0

In den 70er-Jahren wurde der Startschuss für die dritte industrielle Revolution gelegt, insbesondere, indem die Elektronik automatisiert wurde und sich die IT weiterentwickelt hat. Der erste funktionsfähige Computer überhaupt war übrigens der Z3. Er wurde 1941 vom deutschen Bauingenieur Konrad Ernst Otto Zuse entwickelt und verbreitete sich weltweit.[25] Der Computer war frei programmierbar, vollautomatisch und programmgesteuert. Der Startschuss für immer kürzere Entwicklungszyklen war gesetzt. Steve Wozniak entwickelte im Jahr 1976 den Apple I mit Steve Jobs und IBM. Der Computer wurde für Endverbraucher salonfähig.

Und nun die vierte industrielle Revolution

Techniken, die früher analog funktionierten, werden zunehmend digitalisiert. Auch cyberphysische Systeme werden eingesetzt, und die Produktion erfolgt nicht länger auf Lager, sondern auf Nachfrage. In der IT werden Just-in-Time Strategien umgesetzt. Auch im Bereich des Umwelt- und Arbeitsschutzes konnten Fortschritte erzielt werden. Selbst Verpackungen und Gebrauchsgegenstände sind durch Strichcodes an das Internet angeschlossen, und die Industrie 4.0 kann sich extrem schnell an die Bedürfnisse des Absatzmarktes anpassen und auf Trends eingehen. Digitale Fabriken produzieren Einzelstücke, die bezahlbar sind. In der Fabrik der Zukunft sind Informations- und Kommunikationstechnik sowie die Automatisierungstechnologie komplett integriert. Sämtliche Teilsysteme sind vernetzt und werden im Internet der Dinge zusammengeführt, welches auch als Internet of Everything bekannt ist. Dazu zählen auch die nicht produzierenden Systeme wie Zulieferer, Kunden, Vertriebspartner etc. Bereits bei der Entwicklung der Produkte steht fest, welche Anforderungen an die Herstellung und die Fertigungskapazitäten gestellt werden. Dazu zählt eine umfassende Qualitätssicherung. Durch zunehmende Vernetzung und Transparenz ist die Fertigung nicht länger zentralisiert, sondern zunehmend dezentralisiert. Ein zentraler Rechner vernetzt alle Teilsysteme intelligent zu cyber-physischen Systemen (CPS), die immer öfter eigenständig arbeiten. Zwar muss der Mensch noch Anordnungen geben, das Prozessmanagement erfolgt jedoch autonom.

Ein Beispiel für das Internet der Dinge ist das Smart Home Concept von Nest, einem zu Google gehörenden Unternehmen. Es zeichnet sich durch eine Vielzahl an intelligenten Systemen aus, die miteinander verbunden sind. Somit kann sich beispielsweise ein Thermostat die Wunschtemperatur des Nutzers merken und mit der Außentemperatur abgleichen.[26] Die Kommunikation erfolgt nach Wunsch über das Smartphone oder auch über den Google Assistant.

Plattformökonomie

Die Geschäftsmodelle haben sich grundlegend gewandelt. Waren sie früher auf Produkte fokussiert, sind sie jetzt nutzerzentriert und individuell auf persönliche Wünsche zugeschnitten. Durch die verfügbaren digitalen Technologien können ganz neue Geschäftsmodelle realisiert werden. Beispiele hierfür sind Uber, das die herkömmlichen Taxis ersetzen könnte, Airbnb, eine echte Alternative zu Hotels und Pensionen, sowie Amazon, die den kompletten Buch- und Versandhandel revolutioniert haben. Aber auch die Versicherungsbranche wurde durch Vergleichsportale wie Check24 gehörig auf den Kopf gestellt. Manche Unternehmen haben dies nicht überlebt. So wurde beispielsweise der

Weltbild-Verlag von Amazon verdrängt.[27] Die Produktion der Bertelsmann-Lexika mussten wegen Wikipedia eingestellt werden.[28] Anfänglich kleinen Playern gelang es, etablierte Unternehmen vom Markt zu verdrängen, obwohl sie meistens nicht einmal eigene Produkte anbieten, sondern als Vermittler zwischen unterschiedlichen Anbietern und Zielgruppen fungieren. Wenn Unternehmen Geschäftsmodelle entwickeln, die auf digitalen Technologien und Daten basieren, können sie durchaus etablierten Unternehmen gefährlich werden, die den Fortschritt verschlafen haben. Die sogenannte digitale Plattformökonomie beruht darauf, unterschiedliche Anbieter von Angeboten auf einer gemeinsamen Plattform zusammenzubringen und sie somit für die Kunden gesammelt zugänglich zu machen. Interessant ist dabei der Netzwerkeffekt. Sobald die Plattform für die eine Gruppe (beispielsweise User) attraktiver wird, trifft dies auch auf die andere Gruppe (beispielsweise Werbeplatzierer) zu. Ziel ist es, ansprechende digitale Ökosysteme zu schaffen, die der jeweiligen Zielgruppe einen echten Mehrwert bieten. Google indexiert Seiten und gibt dem User immer den bestmöglichen Content für die Recherche. Werbetreibende können somit ihr Angebot zielgerecht platzieren. Suchende, Contentproduzenten und Werbetreibende haben immer größere Vorteile, je größer das Netzwerk ist. Alternative Dienste zu Google haben es schwer, weil der First Mover, der das Netzwerk aufgebaut hat, ein Monopol hat. Ein Wettbewerber muss die User, Werbetreibenden und Contentanbieter nicht nur für sich gewinnen, sondern abwerben. Ohne staatliche Eingriffe ist dies sehr teuer und nahezu unmöglich. Zwar wird beispielsweise die Zerschlagung von Amazon immer wieder diskutiert, jedoch ist das Angebot bisher ungeschlagen. Händler und Konsumenten haben hier große Netzwerkvorteile, die kein Einzelhändler allein bieten kann. Gepaart mit sehr kundenfreundlichen Versandbedingungen, ist Amazon fast unschlagbar.

Das Besondere an den Plattformen ist, dass die Betreiber hier keine eigenen materiellen Werte mehr anbieten. So besitzt Booking.com kein Hotel, Airbnb hat selber keine Wohnungen zur Vermietung und Google produziert den Content nicht selbst, sondern findet ihn im Netz. Diese Unternehmen schaffen den Zugang zum Kunden und ziehen daraus einen Großteil der Wertschöpfung. Der Trend zu Plattformen wird weitergehen. Wir finden sie in vielen weiteren Bereichen, beispielsweise Upwork für Arbeit, Spotify für Musik und Netflix für Filme und Serien. Welche Plattform ist die nächste? Wie wäre es, wenn du sie entwickelst?

3-D-Druck

Hinter dem Begriff 3-D-Druck verbergen sich verschiedene Fertigungstechnologien. Viele Geräte bauen mithilfe von CAD-Daten einen bestimmten Gegenstand Schicht für Schicht auf. CAD bedeutet übersetzt rechnergestütztes Konstruieren. Mithilfe der EDV werden konstruktive Aufgaben übernommen, die zur Herstellung eines Produktes erforderlich sind. Dabei kommen beispielsweise Kunstharz, Keramik oder Metall zum Einsatz. Die Vorteile dieses Schichtbauverfahrens liegen zum einen darin, dass auch komplizierte Formen möglich sind. Beim 3-D-Druck spielt Komplexität keine Rolle. Zum anderen können mit dem 3-D-Druck auch Einzelstücke produziert werden. In der herkömmlichen Produktion rechnet sich ein Produkt erst ab einer hohen Stückzahl. Zu den gewöhnlichen Produktionstechnologien gehören das Bohren, Schleifen, Drehen, Fräsen oder Gießen. All das kann in Zukunft der 3-D-Drucker übernehmen. Aber auch für den Privatgebrauch bieten sich vielfältige Möglichkeiten. Stell dir vor, du könntest dir im MakerSpace um die Ecke einfach selbst drucken, was immer du gerade brauchst: Vom Topf über eine Müslischale bis hin zu Kontaktlinsen.

Aber auch in der Industrie wird die Technologie immer stärker genutzt und die Werkhallen werden entsprechend umgerüstet. Hochrechnungen besagen für das Jahr 2025 ein Marktpotenzial von ca. 50 Milliarden Dollar vorher.[29] Der Zukunftsforscher Robert Gaßner sagt voraus, dass der 3-D-Druck zu einer Ent-Globalisierung und einer Re-Regionalisierung führt.[30] Durch den 3-D-Druck ist es in Zukunft möglich, beispielsweise Ersatzteile dort zu produzieren, wo sie gebraucht werden. Druck on demand schont nicht nur die Umwelt, sondern spart auch Zeit sowie Kosten, die ansonsten für den Transport und die Logistik benötigt würden. Anstatt in Niedriglohnländern zu produzieren, würden wieder vermehrt Arbeitsplätze in der Region entstehen. Durch Hochleistungsdrucker könnten auch Importverbote umgangen werden. Alles, was benötigt wird, sind CAD-Daten. Laut dem Marktforschungsinstitut Gartner beträgt der Schaden durch illegale 3-D-Kopien bis zum Jahr 2018 circa 100 Milliarden US-Dollar.[31] Die Auswirkungen des 3-D-Drucks auf die Industrie lassen sich mit denen der MP3s auf die Musikbranche vergleichen. Einzelne Branchen fertigen bereits Einzelteile in Massenproduktion mit dem 3-D-Drucker. Die Technologie ist besonders dort spannend, wo komplexe Teile schnell, flexibel und in kleiner Stückzahl produziert werden müssen. Dies ist beispielsweise in der Luft- und Raumfahrt, der Autoindustrie sowie der Medizintechnik der Fall. Beim 3-D-Druck müssen technische Änderungen nicht mehr am Werkzeug vorgenommen werden, sondern sie werden am Datensatz vollzogen. Das macht die Produktion äußerst flexibel.

Momentan gibt es jedoch noch einige Hürden zu meistern. Neben den Materialeigenschaften und der zu geringen Durchflussleistung benötigen viele Drucke noch eine manuelle Nachbearbeitung. Zudem haben die großen Industriekonzerne Angst vor Konkurrenz und halten sich sehr bedeckt, anstatt das Wissen miteinander zu teilen und voneinander zu lernen. Mit einer besseren Vernetzung, beispielsweise via der Maker Community auf Plattformen wie Google 3D Warehouse oder Thingiverse, könnte die Technologie schneller wachsen.

3-D-Drucke zum Anfassen

Das Spannende am 3-D-Druck ist, dass der Entwurf zunächst nur in digitaler Form als 3-D-Modell existiert. Der Drucker macht daraus etwas Physisches, das du anfassen und benutzen kannst. Der Einsatz ist auch spannend, wenn beispielsweise für eine Produktionsanlage schnelle Ersatzteile benötigt werden. Im privaten Haushalt könnten damit ebenfalls viele Produkte gefertigt werden, die regelmäßig benötigt werden. Diese werden in Zukunft wahrscheinlich gar nicht mehr über den Handel zu bekommen sein. Es lohnt sich also, wenn du dich schon jetzt mit der Technologie beschäftigst und mit der Zeit gehst. Schon heute haben nicht alle Menschen Zugang zu sämtlichen Artikeln, weil sie die Digitalisierung verpasst haben. So ist ein Großteil der Serien und Musik inzwischen nur noch online und nicht mehr im stationären Handel zu bekommen. Durch das Internet sind inzwischen immer und überall Informationen verfügbar. Der 3-D-Druck könnte die nächste Revolution sein, indem er Waren jederzeit verfügbar macht. Zwar sind die Drucker momentan noch sehr teuer, aber es ist zu erwarten, dass die Kosten in den nächsten Jahren deutlich sinken werden.

Bei der Fertigungsindustrie treffen die zwei Trends 3-D-Printing und Personalisierung zusammen. Dadurch ist es möglich, in Echtzeit individualisierte Produkte herzustellen. Es wird in Zukunft wesentlich günstiger als bisher sein, beispielsweise Schuhe zu bestellen, die exakt nach deinen Wünschen gefertigt wurden. Zwar sind die Einzelkosten noch höher als bei der Serienfertigung, aber die Gesamtkosten können niedriger sein, wenn die Vorteile des 3-D-Drucks voll ausgeschöpft werden. In medizinischen Bereichen müssen oftmals teure Einzelteile angefertigt werden, beispielsweise Zahnkronen, Hüftgelenke und andere Hilfsmittel. Diese können in Zukunft mithilfe von hochpräzisen 3-D-Drucken erstellt werden.

Der 3-D-Druck wird Kollaborationsplattformen stärken, auf denen Designer, Konstrukteure und Produzenten zusammenkommen. Ein Fallbeispiel wäre folgendes: Ein französischer Designer entwirft eine Vitrine, der ein deutscher Konstrukteur im Anschluss statische Elemente zufügt. Produziert wird sie dann in Dänemark. Betrachten wir die gesamte Supply Chain, wird die Einzelfertigung höchstwahrscheinlich günstiger sein als die Serienfertigung in Niedriglohnländern.

In Zukunft muss der Wert des Engineerings neu bewertet werden. Immer öfter werden im Internet nicht nur Wissen, Software und kreative Leistungen zu bekommen sein, sondern auch der Bauplan für Gegenstände des täglichen Bedarfs. Die größte Veränderung durch den 3-D-Drucker ist in einer Branche zu erwarten, an die du vielleicht nicht im ersten Moment denkst: die Bauindustrie. In nur 45 Tagen konnte in Tognzhou in China mithilfe des 3-D-Druckers eine zweistöckige Villa errichtet werden, die Erdbeben der Stärke 8.0 standhält.[32] Auf speziellen Druckern werden standardisierte Bauteile und Gebäude gefertigt, die einfach individualisiert werden können. Architekten werden in Zukunft verstärkt zu 3-D-Spezialisten.

Interessante Auswirkungen sind auch auf den Handel zu erwarten. Im eCommerce könnten Kunden beispielsweise durch intuitive Interfaces neuartige Baupläne kaufen. Die Umsetzung erfolgt dann entweder zu Hause oder in speziellen Printstationen. Im Handel dreht sich alles um den Druck und ergänzenden Service. In jedem Fall hat das Thema 3-D-Druck großes Potenzial.

Weiterführende Literatur:

Chris Anderson: *Makers, The New Industrial Revolution*, New York 2012.

Matthias Baldinger: »3D-Drucker revolutionieren die Supply Chain.« In: *GSO network online*, 20.6.2014.[33]

Verena Gründel: »Wie Mass Customization künftig Fertigungsmodelle auf den Kopf stellt.« In: *iBusiness*, 10.6.2013.[34]

Frank T. Piller, Christian Weller, Robin Kleer: »Business Models with Additive Manufacturing – Opportunities and Challenges from the Perspective of Economics and Management«, In: Christian Brecher (Hrsg.): *Advances in Production Technology*, New York 2015. S. 39–48.

Wohlers Report 2014 – 3D Printing and Additive Manufacturing State of the Industry. 3Sat: Wie 3D-Druck unsere Welt verändert. Ausgestrahlt am 14.11.2013.[35]

Virtual Reality, Augmented Reality und Mixed Reality

Immer häufiger tauchen Begriffe wie »Virtual Reality«, »Augmented Reality«, »Mixed Reality« oder »immersiver Content« auf. Du fragst dich, was sich hinter diesen Begriffen verbirgt und worin sich die einzelnen Technologien unterscheiden? Der Content muss dabei stets qualitativ hochwertig sein. Neben dem 360°-Live-Streaming sind auch interaktive Echtzeitanwendungen und Raumvisualisierungen möglich. Kunden können VR-Content in bester Ultra-HD-Qualität live streamen. Momentan gibt es allerdings noch Grenzen durch die verfügbaren Ausgabegeräte.

Lass deine Kunden in virtuelle Welten eintauchen

Im Grunde bedeutet Immersion nichts anderes, als in eine künstliche Welt einzutauchen. Der Begriff kommt ursprünglich aus den Bereichen Bewegtbild und Film. Im Zusammenhang mit virtueller Realität ist Immersion der Zustand, in dem du als Nutzer das Bewusstsein, dass du dich in einer künstlichen Welt befindest, verlierst. Du fühlst dich, als wärst du live mit allen Sinnen im Geschehen. Dabei blickst du nicht nur auf das, was passiert, sondern du interagierst mit der virtuellen Realität.

Virtual Reality

Unter diesem Oberbegriff, der mit VR abgekürzt wird, sind Inhalte zu verstehen, die du über digitale Endgeräte oder Smartphones abspielen kannst. Dazu zählen zum Beispiel Head Mounted Displays (HMDs) oder Mobile VR. Es gibt lineare Filme, die mit einer 360-Grad-Kamera aufgenommen wurden, oder auch interaktive 3-D-Simulationen, mit denen du als Nutzer in das Geschehen eintauchen kannst. Letztere werden oftmals beim Gaming verwendet. Wenn du dir ein VR-Video ansehen willst, kannst du beispielsweise »Virtual Reality« bei YouTube eingeben. Hier findest du zum Beispiel beeindruckende 360-Grad-Videos von Google mit verschiedensten Inhalten. Bewege die Maus und entdecke die Umgebung bequem von deinem Laptop oder Computer aus.

Wenn du auf dem Smartphone in virtuelle Welten eintauchen möchtest, empfehle ich dir, einen VR-Viewer downzuloaden. Google bietet beispielsweise »Daydream« an. Die Technologie dahinter bewirkt, dass für die Augen ein leicht versetztes Bild zu sehen ist, das zuvor vertikal geteilt wurde. Unser Gehirn setzt es daraufhin zu einem 3-D-Bild zusammen. Schau dich ruhig nach allen Seiten um, wenn du dir solche Videos anschaust. Doch wie funktioniert es, dass die virtuelle Kamera exakt auf deine Bewegungen reagiert? Dein Smartphone verfügt über Lagesensoren, die dies möglich machen. Wenn du keinen VR-Viewer herunterladen möchtest, kannst du das Bild per Touch bewegen. Wenn du dich in einer virtuellen Realität befindest, reagiert die Umgebung auf dich. Du schaust nicht länger zu, sondern kannst aktiv mitmachen. Dies bezeichnet man als Interactive VR. Vielleicht kennst du dies von Videospielen. Wenn du einen Controller benutzt, kannst du verschiedene Funktionen nutzen, beispielsweise Touch, Hold, Click oder Swipe. Du kannst damit Elemente auswählen, verschieben, tauschen oder löschen, ohne dass du ein Menü benutzen musst. Eine Interaktion kann aber auch stattfinden, wenn du deinen Blick auf einen Interaktionspunkt richtest. Dies ist jedoch abhängig vom Endgerät.

Augmented Reality

Die Abkürzung für Augmented Reality ist AR. Durch digitale Hilfsmittel können virtuelle Inhalte in der realen Welt angewendet werden. Ein hervorragendes Beispiel hierfür ist das Spiel Pokémon Go von Niantic, das beim Erscheinen im Jahr 2016 weltweit einen regelrechten Hype ausgelöst hat. Durch AR können aber auch Informationen vermittelt werden. Wie oft bist du schon durch einen Supermarkt gelaufen und hast ein bestimmtes Produkt gesucht? In Zukunft weist dir AR den kürzesten Weg. Weitere Anwendungsmöglichkeiten sind die Realisierung von Anleitungen für den Aufbau von Möbeln oder Gebrauchsanweisungen. Besonders spannend wird Augmented Reality im Entertainment-Bereich, beispielsweise beim Gaming. Die Spielfiguren sitzen plötzlich mit dir im Arbeitszimmer, dass du zuvor aus einem Katalog virtuell genau nach deinem momentanen Geschmack eingerichtet hast. Ob brüllende Monster oder rasanter Actionspaß: All das findet in deiner unmittelbaren Umgebung mit dir mittendrin statt. Entscheidend ist dabei, welches Endgerät du benutzt. Wenn du eine native App auf deinem Smartphone verwendest, wird das Bild deiner Kamera mit einer Informationsebene versehen.

Mixed Reality

Darunter sind Videos zu verstehen, die Virtual-Reality-Inhalte mit echten Filmsequenzen kombinieren. Beides wird übereinandergelegt. Doch wie funktioniert das? Angenommen, du befindest dich in der virtuellen Realität. Zunächst wirst du vor einem grünen Hintergrund mithilfe der Greenscreen-Technologie aufgenommen. Nun wird die reale mit der virtuellen Kamera verbunden. Andere können nun sehen, was du in der VR erlebst.

Wenn du VR in dein Marketing aufnehmen möchtest, solltest du Inhalte schaffen, die deine Zielgruppe in ihren Bann ziehen. Je länger der Kunde auf deiner Seite verweilt, desto wahrscheinlicher ist es, dass er wiederkehrt. Doch wie erstellt man relevante 360-Grad-Videos? Demonstriere deinem Kunden genau, wie das Produkt funktioniert, und lasse es ihn testen, bevor er es kauft. Mixed Reality ist ideal, um Aufmerksamkeit für deine Marke zu erzielen.

Einsatz von VR bei Telefon- und Videokonferenzen

Hast du dich schon mal dabei ertappt, wie du dich während einer Telefonkonferenz mit völlig anderen Dingen beschäftigst hast? Besser ist es, wenn du deine Gesprächspartner siehst. Durch den Einsatz von VR könnten in naher Zukunft reale Meetings vollständig ersetzt werden. Auch hier ist es entscheidend, dass die künstliche Umgebung möglichst realistisch wirkt. Die Nutzer tragen eine VR-Brille und bewegen sich als Avatar in einem virtuellen Raum, der mit anderen Avataren kommuniziert. Besonders wichtig ist es, dass die Mimik und der Gesichtsausdruck übertragen werden. Aber auch die Vermittlung der Körpersprache ist wichtig. Doch wie schafft man es, die Bewegungssteuerung so exakt wie möglich zu erfassen? Momentan wird an Tracking-Anzügen gearbeitet, durch die die realen Körperbewegungen in die virtuelle Welt übertragen werden. Die Chance von VR ist es, virtuelle Umgebungen zu schaffen, die die Teilnehmer dazu einladen, miteinander zu interagieren und kreativ zu werden. Besonders für internationale Unternehmen sind dadurch enorme Kosteneinsparungen möglich. Wer weiß, vielleicht arbeiten wir in Zukunft mit unseren Kollegen auf der ganzen Welt in einem virtuellen Office zusammen, während vor Ort nur noch wenige reale Personen sitzen.

Interaktive Präsentationen

Durch interaktive Präsentationen kannst du beispielsweise die Besucher deines Messestandes aktiv mit einbinden. Du kannst unter anderem die Perspektive oder Farbe wechseln und einen Blick ins Innere des Produktes geben. Der Betrachter kann aktiv eingreifen und bekommt somit ein völlig anderes Verständnis vom Produkt, als wenn du lediglich ein Video abspielst. Neben der Produktpräsentation wird auch das Live-Marketing ein spannender Einsatz für diese innovative Technologie sein. Bei Veranstaltungen können auch Mixed-Reality-Formate sinnvoll sein. Reale Events werden jedoch auch in Zukunft wichtig sein, da der direkte zwischenmenschliche Kontakt nicht zu ersetzen ist. Dennoch können durch den Einsatz von AR und VR die Kosten, Emissionen und der Materialverbrauch deutlich verringert werden.

Zurzeit ist das benötigte Zubehör relativ umfangreich und komplex. Im Normalfall benötigst du neben einem PC, einer Konsole oder einem Smartphone auch ein bildlieferndes Display und ein Steuerungsgerät. Bei Lösungen für Smartphones ist der Vorteil, dass sie den Nutzer nicht in seinen Bewegungen behindern. Ansonsten können nämlich die Kabel im Weg sein. Durch immer leistungsfähigere Rechner wird auch das Darstellungsergebnis enorm verbessert.

Kapitel 4:
Nachhaltigkeit, Sinnhaftigkeit & nachhaltiger Umgang mit Ressourcen

Es geht in der heutigen Welt nicht nur darum, Geld zu verdienen. Viele Menschen haben das verstanden. Im Silicon Valley trauen sich viele zu, die Welt positiv zu verändern. Keiner spricht darüber, Geld zu verdienen, sondern alle möchten die Welt verändern und scheuen sich dabei nicht, große Probleme in Angriff zu nehmen. Es geht darum, den Planeten zu retten und die gravierenden Probleme in den Griff zu bekommen. Dazu gehört beispielsweise die Abschaffung der momentan in Deutschland vorherrschenden Massentierhaltung. Diese hat nicht nur fatale Auswirkungen auf das Wohl der Tiere, sondern auch auf die Nutzung der landwirtschaftlichen Flächen. Sie verseucht Böden und Gewässer und richtet hohe ökonomische Schäden für zukünftige Generationen an. Spätestens in 20 Jahren wird dies jedoch Vergangenheit sein. Am 5. August 2013 hat der niederländische Physiologe Mark Post von der Universität Maastricht ein bahnbrechendes Produkt vorgestellt: Das Stück Hackfleisch wurde von einem britischen Starkoch zubereitet. Getestet wurde es von einem US-amerikanischen Autor und einer österreichischen Ernährungswissenschaftlerin, die das Fleisch geschmacklich als nicht übel deklarierten. Die gute Nachricht ist, dass für dieses Stück Hackfleisch kein Tier sterben musste, weil es aus der Nackenmuskel-Stammzelle einer Kuh gezüchtet wurde. Um das Burgerpatty herzustellen, waren mehrere Jahre und über 2 Millionen Euro nötig. Um das Potenzial von neuen Ideen zu erkennen, lohnt sich ein Blick auf die Investoren. Der Mitbegründer von Google, Sergey Brin, hat das Projekt finanziell unterstützt. Aber auch Bill Gates investiert hohe Summen in ein Projekt namens »Beyond Meat«. Auch Peter Thiel, einer der Hauptinvestoren von Facebook, lässt große Summen in Cultured Meat fließen, aber auch in leckere Eier, die keine sind.[36] Dies könnte den gesamten Fleischkonsum der Zukunft verändern.

Stell dir vor, du bist im Supermarkt und hast zwei verschiedene Stücke Fleisch vor dir. Sie sehen nicht nur gleich aus, sondern schmecken auch identisch. Du weißt, das ein Stück von der Kuh stammt, und das andere aus dem Labor. Da die Aufzucht wesentlich länger dauert, ist das Fleisch vom echten Tier viermal so teuer. Ziemlich sicher wirst du dich für das günstigere In-Vitro-Fleisch entscheiden. Übrigens hat bereits Winston Churchill im Jahr 1932 ein solches Cultured Meat prophezeit.[37] Mittlerweile forschen viele Universitäten an dem Verfahren, aus Muskelzellen Fleisch herzustellen. Weltweit essen die Menschen momentan 283 Millionen Tonnen Fleisch,[38] Tendenz steigend. Obwohl die Argumente gegen Massentierhaltung und dem millionenfachen Leiden von Tieren absolut einleuchtend sind, soll sich die globale Fleischproduktion zwischen 2000 und 2050 verdoppeln.[39] Wenn aber so viel Fläche für die Haltung von Tieren und den Anbau von Futtermitteln benötigt wird, fehlt dieses Land den Kleinbauern, die es für den Anbau von Gemüse oder Getreide benötigen. Selbst wenn sämtliche Schadstoffquellen wie Industrie und Verkehr zusammengefasst werden, überwiegen die Umweltgifte und Schadstoffbelastungen aus der Viehhaltung. Dazu kommen eine immense Nitratbelastung, Ammoniakverseuchung, Treibhausgase, eine exorbitante Verschwendung von Land und Wasser sowie Millionen Tonnen von Herbiziden, um das Futter für die Tiere zu erzeugen.

Die Vorteile von Kulturfleisch liegen auf der Hand – nicht nur zum Wohl der Tiere, sondern auch für den Erhalt der Umwelt. Wenn wir anstelle von Tieren Fleisch züchten würden, wäre nur noch ein Prozent des Landes nötig, das gegenwärtig mit Tieren besetzt ist. Es könnten immense Mengen an Wasser und Antibiotika eingespart werden, und auch der Energieverbrauch sinkt rapide. Auch wenn es nicht einfach ist, eine Fleischtextur herzustellen, ist es nicht unmöglich. Irgendwann wird Cultured Meat selbstverständlich sein und überhaupt nicht mehr infrage gestellt werden. Auch Bier, Wein oder Brot sind keine natürlich gewachsenen Lebensmittel. Fleisch ist mittlerweile voller Wachstumshormone und Antibiotika und somit weit entfernt davon, gesund zu sein. Auch die Risiken von Schweinepest, BSE und Hühnergrippe gehören mit Kulturfleisch der Vergangenheit an. Algen und Insekten könnten in Zukunft ebenfalls zu unverzichtbaren Proteinlieferanten werden. Wenn die ersten

Packungen mit Cultured Meat im Supermarkt auftauchen, wird der Preis höher sein als bei herkömmlichem Fleisch. Dadurch hat es zunächst das Potenzial, zu einem Statussymbol zu werden, dass sich die Besserverdienenden leisten. Frauen werden vom niedrigen Fettanteil begeistert sein, während Männer das Produkt wahrscheinlich belächeln werden, es aber dennoch als gut und sinnvoll erachten. Sobald die Nachfrage wächst und somit das Angebot steigt, wird auch der Preis sinken. Cultured Meat hat die Macht, die Massentierhaltung für immer abzuschaffen.

Warum kein bestehendes Unternehmen übernehmen und auf Kurs bringen?

Wir sind eine Erbengeneration. Die geburtenstarken Jahrgänge werden irgendwann ableben, und die Firmen teilen sich auf immer weniger Erben auf. Damals hatten Familien in der Regel mehr als drei Kinder, heute ist das eher die Ausnahme. Folglich verteilt sich das Erbkapital auf immer weniger Nachfolger. Nicht selten findet sich unter den wenigen Erben niemand, der die Firma fortführen möchte. Das ist für zukünftige Gründer äußerst interessant, da gerade im Kleinsegment viele Firmen zur Übernahme verfügbar sind. Auf der Internetseite nexxt-change kannst du nach potenziellen Kandidaten schauen, um einen ersten Eindruck zu bekommen. Es gibt für Firmenübernahmen mit Nachfolgeregelungen spezielle Förderprogramme. Meistens macht es Sinn, sich eine Zeit lang im Unternehmen anstellen zu lassen, um den ganzen Ablauf zu verstehen und eine stimmige Entscheidung treffen zu können. Da die Unternehmen einen Cashflow haben, kann die Nachfolgefinanzierung in der Regel etwas anders angegangen werden. Es birgt jedoch gewisse Herausforderungen, insbesondere, wenn du ein Unternehmen übernehmen willst, das in einer Risikobranche tätig ist und stagnierende oder fallende Umsätze hat. Mit dem wertvollen Wissen über die Trends und die Entwicklungen im Bereich digitales Marketing kannst du es schaffen, die Firma fit für die Zukunft zu machen. Damit die Übergabe gelingt, solltest du in etwa drei bis fünf Jahre einplanen.

Allerdings ist es nicht unbedingt einfacher, ein Unternehmen zu übernehmen, statt es selbst zu gründen. In letzterem Fall kannst du nämliche sämtliche Entscheidungen selbst treffen. Wenn du hingegen ein Unternehmen fortführst, das bereits existiert, übernimmst du sowohl die Mitarbeiter, den Ruf des Unternehmens als auch die Kunden- und Lieferantenbeziehungen. Damit die Nachfolge gelingt, musst du das Vertrauen der Mitarbeiter, Kunden und Lieferanten gewinnen. Zudem musst du dir rechtzeitig Gedanken machen, was du weiterentwickeln oder neu strukturieren möchtest. Oftmals ist es sinnvoll, eine Zeit festzulegen, in der du die Firma gemeinsam mit dem ehemaligen Inhaber führst. Nimm unbedingt eine detaillierte Prüfung vor, damit du dir sicher sein kannst, dass das Unternehmen auch in Zukunft erfolgreich fortgeführt werden kann. Leider kommst du auch bei der Unternehmensnachfolge nicht um einen Businessplan bzw. Fortführungsplan herum, weil diesen die Bank unbedingt sehen will. Zudem muss die Unternehmensnachfolge finanziert und der Kaufpreis ermittelt werden. Du kannst dich dabei von einem Unternehmensberater, einem Anwalt oder einem Steuerberater unterstützen lassen.

Erleichtertes Gründen und ortsunabhängiges Arbeiten

Co-Working wird immer beliebter. Anbieter für Co-Working-Spaces sind beispielsweise WeWork, das Betahaus in Hamburg und der Startplatz in Köln. Hier kannst du dich für eine Zeit lang mit oder ohne festen Arbeitsplatz einmieten. Der Vorteil ist, dass du mit anderen Gründern und Freiberuflern in Kontakt kommen kannst. Genau dies kann sich aber auch nachteilig auswirken, wenn du vor lauter Kommunikation mit anderen das Arbeiten vergisst.

Das ortsunabhängige Arbeit mit gleichzeitig beschränkter Haftung ermöglicht dir die e-Residency in Estland.[40] Der kleine baltische Staat ist eines der Länder, die in bewundernswerter Weise die Digitalisierung konsequent umgesetzt haben, auch im Bereich Government. Estland ermöglicht es dir mit der e-Residency, eine virtuelle Staatsbürgerschaft anzunehmen, das heißt, du brauchst keinen festen Wohnsitz mehr. Zudem kannst du damit einfach und günstig ein europäisches Unternehmen gründen und verwalten. Diese genießen weltweit ein hohes Ansehen. Die e-Residency ermöglicht dir mithilfe der Smart ID Card auch die digitale Unterzeichnung von Verträgen und Dokumenten. Zudem kannst du dich jederzeit online ausweisen. Dein Stammkapital und somit auch deine Haftung betragen nur 2.500 Euro. Aber auch die Verwaltungskosten sind bei der e-Residency deutlich niedriger. Notarkosten entfallen ganz. Es gibt in Estland übrigens keine Unterscheidung zwischen handschriftlicher oder digitaler Signatur. Beide sind gleichwertig gültig. Es ist möglich, binnen eines Tages komplett online ein Unternehmen zu gründen und dieses zu verwalten. Dabei sind zu jeder Zeit Änderungen an der Registrierung möglich. Auch das Hochladen von Jahresabschlüssen sowie der Blick ins digitale Unternehmensregister ist möglich. Die Steuererklärung erfolgt direkt online. Wenn deine Idee oder Marke besonders schützenwert ist, kannst du Patente oder Marken online anmelden. Im ersten Schritt beantragst du online die e-Residency, woraufhin du überprüft wirst. Im Normalfall erhältst du danach eine Bestätigungsmail. Gehe einfach zu der nächsten estnischen Botschaft und hole deine Smart ID Card sowie ein USB-Kartenlesegerät samt passender Software ab. Hierfür sind deine Fingerabdrücke erforderlich. Nach der Installation der Software kannst du im Onlineportal ganz einfach deine Firma auswählen und die gewünschte Unternehmensform auswählen. Gib deine Geschäftsadresse und den Namen deines Unternehmens an. Nachdem du dein Unternehmen registriert hast, bezahlst du die Anmeldegebühr und unterschreibst die Registrierung deines Unternehmens. Wenn du magst, kannst du noch ein estnisches Geschäftskonto eröffnen. Der große Vorteil der e-Residency ist, dass sie dir ortsunabhängiges Arbeiten von überall auf der Welt ermöglicht. Zudem erhalten damit auch Nicht-EU-Länder Eintritt in den europäischen Wirtschaftsraum. Da die Gründungskosten so niedrig sind, eröffnet sich auch Gründern mit wenig Startkapital eine Chance, ihren Traum zu verwirklichen. Ob die e-Residency für dich in Frage kommt, solltest du direkt mit deinem Steuerberater besprechen.

Bildung

Im Bereich Bildung eröffnet die Digitalisierung eine Vielzahl von Chancen. Durch die Verbreitung von Onlinekursen wird Bildung für alle Menschen zugänglich. Dank Big Data kann das Lernen individualisiert auf die einzelne Person zugeschnitten werden. Digitale Medien ermöglichen allen Menschen den Zugang zu günstiger und personalisierter Bildung – losgelöst vom Herkunftsland von Armut oder der sozialen Schicht. Wer lernen will, findet online sämtliches Wissen. Besonders die Schüler und Studenten in Asien, Südamerika und den USA nutzen dieses Angebot und verändern somit die komplette Lernlandschaft. Werden alle Schüler im gleichen Raum mit den gleichen Methoden unterrichtet, wird der eine unter- und der andere überfordert sein. Heterogene Schulklassen und individuelle Förderung werden daher immer wichtiger. Eine der weltweit besten Universitäten ist die Stanford University im Silicon Valley. Nachdem der von den Professoren Sebastian Thrun und Peter Norvig initiierte Kurs »Einführung in die künstliche Intelligenz« kostenlos im Internet angeboten wurde, gab es einen regelrechten Run. Rund 160.000 Menschen aus knapp 200 Ländern haben diese Chance für sich genutzt.[41] Die Vorlesungen, Übungsaufgaben und Prüfungen waren exakt wie die auf dem Campus. Nach der Online-Eingabe wurden die Übungen von einem Computer korrigiert und die Studenten konnten sich in Foren über die Inhalte austauschen. 23.000 Studenten haben die Abschlussprüfung bestanden und ein Zertifikat erhalten. Das Erstaunliche ist jedoch, dass die erfolgreichste Onlineabsolventin erst elf Jahre alt war und aus Pakistan stammte. Mit einem Computer, einer schnellen Internetverbindung und jeder Menge Durchhaltevermögen schaffte sie es an die Spitze. Vor kurzem hätte sie niemals Zugang zu diesen Inhalten gehabt. Heute trennen sie nur wenige Mausklicks vom geballten Know-how der Welt.

In New York gibt es die David-Boody-Schule, deren Schüler meistens einen Migrationshintergrund haben und aus sozialen Unterschichten kommen. Damit diese Schüler etwas lernen, benötigen sie individuell auf sie zugeschnittenen Unterricht. Das Konzept New Classrooms leistet genau das und setzt auf digitalisierte Lerneinheiten anstelle von

Frontalunterricht. An wechselnden Stationen können etwa 90 Schüler individuell lernen: Ob mit Videos, Lernsoftware, in Gruppen oder durch das Sprechen mit dem Lehrer. Die Personalisierung erfolgt automatisiert, indem die Schüler am Ende des Schultags einen kurzen Onlinetest ablegen. Über Nacht kann der Zentralcomputer ausrechnen, welcher Schüler noch Wissensdefizite hat und mit welcher Methode diese am besten geschlossen werden können. Diesen individuellen Lernplan erfahren die Schüler am nächsten Morgen. Lehrer unterrichten nicht mehr Inhalte, sondern unterstützen dort, wo es nötig ist.[42]

Big Data sorgt für enorme Verbesserungen im Bildungsbereich. An der Austin Peay State University werden die Studenten mithilfe einer Software beraten, welches Studium am besten zu ihnen passt. Als Datengrundlage werden die bisher belegten Veranstaltungen und die absolvierten Prüfungen mit den Leistungen früherer Schüler verglichen. Auch individuelle Kriterien können berücksichtigt werden. Die Software berechnet darüber hinaus die Wahrscheinlichkeit, ob der Student den Kurs besteht und sagt eine Abschlussnote vorher. 90 Prozent der Studenten, die diese Software nutzen, bestehen die Prüfungen.[43]

Auch auf dem zukünftigen Stellenmarkt wird sich einiges verändern. Wer glaubt, das heute noch der Uni-Abschluss eine Garantie für einen Job ist, der hat sich geirrt. Laut dem Personalchef von Google, Laszlo Bock, sagen Abschlussnoten nichts darüber aus, ob der Job zu dem Bewerber passt.[44] Ein Startup mit Sitz im Silicon Valley, Knack, hat ein Computerspiel entwickelt, mit dem sich in 20 Minuten die Persönlichkeit des Bewerbers erfassen lässt.[45] Primär geht es dabei darum, intuitiv Gemützustände richtig zu erkennen und unter Zeitdruck richtige Entscheidungen zu treffen. Mithilfe des dahinter liegenden Algorithmus erkennt die Software, wie sich der Bewerber verhält, wenn er Entscheidungen treffen muss. Sobald jemand die benötigten Fähigkeiten mitbringt, bekommt er den Job. Es ist nicht länger entscheidend, welche Zeugnisse und welchen Lebenslauf er hat. Dies eröffnet neue Chancen für alle Menschen, unabhängig vom Bildungsgrad.

Die nächste Station ist der Mond

Auch in der Raumfahrt gibt es spannende Entwicklungen. So will beispielsweise SpaceX die bemannte und unbemannte Raumfahrt revolutionieren und deutlich nachhaltiger machen. Privatunternehmen möchten mit dem Transport von Satelliten und dem Weltraumtourismus Einnahmen erwirtschaften. Dabei hat die wirtschaftliche Produktion durchaus Vorteile: Die Raketen sind nämlich wiederverwendbar. Während bisherige Raketen im Weltall als Weltraummüll zurückgelassen werden, können die neuen Raketen erneut befüllt und genutzt werden. Elon Musk ist der CEO von SpaceX, dem Platzhirsch der privaten Raumfahrt. Er lässt auch eine Magnetschwebebahn entwickeln, die den öffentlichen Nahverkehr revolutionieren könnte. In Zukunft plant das Unternehmen, Menschen in wiederverwendbaren Raketen und Raumkapseln als Touristen zum Mond zu schicken. Aber auch die Crew der Internationalen Raumstation kann damit ins All transportiert werden. Auch Jeff Bezos, der Gründer von Amazon, besitzt eine private Raumfahrtfirma, Blue Origin, die mit wiederverwertbaren Raketen arbeitet.[46] Die private Raumfahrt beginnt gerade, Fahrt aufzunehmen.

Kapitel 5:
Von der Geschäftsidee zum Unternehmen

Wie der Moonshot die Menschheit verändern wird

Bevor wir uns dem Thema Geschäftsideen widmen, will ich dir aufzeigen, wie Google an die Entwicklung von bestimmten Ideen herangeht. Das Unternehmen setzt sich keine Grenzen und ist es gewohnt, groß zu denken. Alles, was wir uns im Kopf vorstellen können, können wir auch erreichen. Wenn wir etwas nicht erreichen wollen, werden wir Ausreden finden und es einfach nicht tun. Vielleicht ist dir der Begriff »Moonshot« schon einmal begegnet. Darunter versteht man etwas, das die Menschheit voranbringt. Dies kann bedeuten, dass eine bedeutende Erfindung gemacht oder etwas entwickelt wird, das nicht nur eine Stufe weiter geht, sondern gleich zehn. Der Begriff selbst stammt von Google. Google hat eine eigene Abteilung namens Google X, seit Ende 2015 nur noch X, in der am nächsten Moonshot gearbeitet wird.[47]

Ursprünglich ist der Begriff auf die Äußerung von John F. Kennedy in den 60er-Jahren zurückzuführen, der sagte, dass er bis zum Ende des Jahrzehntes einen Menschen auf den Mond schießen wird. Dieses Ereignis sollte eine neue Ära der Menschheit einläuten und etwas nie Dagewesenes möglich machen. Demzufolge bezeichnet Google eine solche Idee als Moonshot. Es ist eine neue Möglichkeit, Erfindung oder Idee, die die Menschheit von Grund auf beeinflusst. Das Motto von Google ist dabei wie folgt: »Wenn du das Leben von 100 Millionen Menschen veränderst, dann bist du nicht erfolgreich. Wirklich erfolgreich bist du erst, wenn du das Leben von einer Milliarde Menschen veränderst.«[48] Die wohl größte Herausforderung hierbei ist es, nicht eine einzige gute

Idee zu entwickeln, sondern die 100 oder 1.000, die es nicht sind, zu verwerfen. Hierbei ist natürlich die Frage, wer derjenige sein soll, der eine Idee verwirft? Ist es sinnvoll, dass es ein Vorgesetzter ist, der nach Bauchgefühl entscheidet oder doch lieber derjenige, der diese Idee entwickelt hat? Bei Google wird eine Idee so lange getestet, hinterfragt und verändert, bis feststeht, ob die Zeit für diese Idee gekommen ist oder ob sie besser verworfen wird.

Dabei gibt es ein interessantes System, um diese Idee schnell auf Herz und Nieren zu überprüfen. Eine Idee, die verworfen wird, wird mit einem gleich hohen oder sogar höheren Bonus belohnt als eine Idee, die bis zum Ende durchgeprüft wird und erfolgreich umgesetzt wird. Der Gedanke dahinter ist, dass das Verfolgen einer Idee oder eines Produkttests unwirtschaftlicher ist, als direkt am Anfang einen Bonus für die Feststellung zu zahlen, dass die Idee untauglich ist. Wichtig ist, dass die Entwickler selbst keinen Skrupel haben, die eigene Idee einfach zu verwerfen und etwas Neues zu beginnen. Dies hat den großen Vorteil, dass keine Demotivation entsteht, weil nicht etwa ein Vorgesetzter festlegt und bestimmt, dass die eigene Idee oder Entwicklung nichts taugt, sondern es eine eigene Feststellung ist. Der Anspruch an neue Techniken, Erfindungen oder Ideen ist nicht, das bisher Bekannte zu verbessern, sondern es um das Zehnfache zu übertreffen. Dieser Quantensprung ist natürlich eine Hausnummer und nicht so einfach umzusetzen. Aber wenn es eine Idee schafft, ist das Ergebnis umso besser. Nach Aussagen von Google schafft es von 100 Ideen keine einzige.[49] Dabei gibt es durchaus Ideen, die direkt aus Science-Fiction-Filmen stammen könnten. Die Entwicklungen zielen alle auf die Lösung großer gesellschaftlicher Probleme, sowohl aktuelle als auch potenzielle, ab. Dazu wird an radikalen und kompromisslosen Lösungen gearbeitet. Nach jedem Entwicklungsschritt wird neu geprüft, ob das Vorhaben vielleicht doch unmöglich ist.

Eines der aktuell weit fortgeschrittenen Projekte ist das sogenannte »Project Loon«. Das Problem ist, dass zwei Drittel der Bevölkerung keinen Internetzugang haben. Google hat daraufhin eine Lösung entwickelt, bei der mithilfe von Ballons, die durch künstliche Intelligenz in der Stratosphäre gesteuert werden, WLAN-Hotspots genutzt werden können. Anfang November 2017 wurden diese Ballons bereits in Puerto

Rico eingesetzt, als der Hurrikan Maria das Kommunikationsnetzwerk stark beschädigt hatte.[50] Durch die Ballons konnten über 100.000 Menschen mit Internet und Nachrichten versorgt werden. Du fragst dich jetzt vielleicht, was das das Ganze mit dir zu tun hat? Wie könntest du in der Lage sein, solche Ideen zu entwickeln, und mit welchem Budget solltest du diese finanzieren? In erster Linie geht es nicht um Geld, sondern erstmal darum, großartige Ideen zu denken. Der Rest kommt dann von ganz allein. Jeder von uns kann eine Idee entwickeln und überprüfen, ob diese der Realität standhält. Wie du vorgehst und welche Punkte in dem Prozess wichtig sind, erfährst du jetzt im 10-Stufen-Prozess.

10-Stufen-Prozess: Verwandlung eines Problems in einen Mehrwert

1. Finde ein echtes, gravierendes Problem. Gib nicht gleich auf, wenn dir nicht sofort etwas einfällt. Suche so lange weiter, bis du es gefunden hast.
2. Finde Menschen, die von diesem Problem betroffen sind, und sprich mit ihnen.
3. Sind diese Menschen dazu bereit, ihr kostbares Geld in deine Lösung zu investieren? Würdest du dir das Produkt selbst kaufen?
4. Recherchiere alle Informationen und Personen, die mit deinem Problem zu tun haben, und nimm Kontakt zu ihnen auf. Fahre zu Veranstaltungen und schaue dir Unternehmen an, die ähnliche Probleme lösen.
5. Entwickle eine Geschäftsidee für das Problem.
6. Entwickle ein Geschäftsmodell.
7. Bewahre den Bezug zu deiner Person.
8. Entwickle die zugehörigen Prozesse und Systeme.
9. Hole dir Feedback und nimm Anpassungen vor.
10. Vergiss nicht, dabei Spaß zu haben.

Wenn du wissen willst, wie ich diesen Prozess mit meiner Firma Keimster durchlaufen habe, empfehle ich dir mein erstes Buch *Das Feierabendstartup*. Lass uns nun gemeinsam diese zehn wichtigsten Stufen durchgehen.

Stufe 1: Finde ein echtes, gravierendes Problem

Meine Devise ist folgende: Warum soll ich mir das Leben schwer machen, wenn es auch einfach geht? Was ich damit meine? Aus meiner Sicht fehlt den meisten Menschen nicht die Geschäftsidee, sondern das zugrunde liegende Problem. Zu viele angehende Gründer vergeuden ihre Zeit mit unzähligen Brainstormings, Meetings und Pitches. Dabei steht längst fest, dass die Idee erfolgreich sein wird, wenn sie wirklich ein wichtiges und großes Problem löst. Angenommen, du möchtest einen Baum pflanzen. Lass uns diesen als Synonym für eine Firma nehmen, die du aufbaust, erfolgreich machst und der nächsten Generation übergibst. Das Problem, das du lösen willst, ist das Samenkorn des Baumes, den du pflanzen möchtest. Es ist unbedingt notwendig, dass du das allerbeste Saatgut und die hochwertigste Erde nimmst. Ohne Samen kein Baum – und ohne Problem kein Unternehmen. Es ist schlichtweg unmöglich, ein erfolgreiches Unternehmen aufzubauen, das kein Problem löst. Im Gegenzug kannst du dir sämtliche Seminare und die Zeit sparen, wenn du dieses wichtige Problem gefunden hast. Wenn dich jemand fragt, was dein Unternehmen macht, antwortest du einfach, welches Problem du in Zukunft damit lösen möchtest.

Es gibt zwei mögliche Wege:

Der klassische Weg ist, dass du dir eine Idee ausdenkst und solange suchst, bis du das zugehörige Problem gefunden hast. Gegebenenfalls passt du sie dann noch geringfügig an, sodass irgendetwas »Innovatives« entsteht. Das klingt abstrakt? Angenommen, du möchtest ein Getränk herstellen. Welches Problem könntest du damit lösen? Es reicht nicht aus, wenn es einfach nur den Durst löscht, weil das bereits unzählige andere Getränke können. Du kannst eine unverwechselbare Marke aufbauen, dann verkaufst du aber mit dem Getränk ein entsprechendes Gefühl. Denke nur an die Marke mit dem roten Bullen. (Im Marketingteil geht Michael näher auf die Bedeutung der Markenpersönlichkeit ein.) Wenn es dir gelingt, eine gute Marke zu kreieren, kannst du auch mit ungesundem Zuckerwasser viel Geld verdienen. Allerdings wird aus meiner Sicht das Brandbuilding mit ungesunden Produkten nicht mehr lange gut gehen. Durch die Transparenz im Internet setzen sich nicht nur Werbebotschaften durch, sondern auch Kritik. Jeder ist heute in der Lage, mit der ganzen Welt zu kommunizieren.

Der aus meiner Sicht bessere Weg ist es, sich die wirklich drängenden Probleme anzuschauen. Besonders wichtig sind diejenigen, die sich durch die Trends in Zukunft noch weiter verstärken. Hier ist beispielsweise die Gewichtszunahme der Menschen durch falsche Ernährung und mangelnde Bewegung zu nennen. Ein Trend, der das verstärkt, sind Maschinen und Roboter. Da diese noch mehr körperliche Tätigkeiten übernehmen werden, droht die Gefahr, dass sich die Menschen noch weniger bewegen. Das Bedürfnis, schlank zu sein, sozial zu interagieren und seelisch in seiner Mitte zu stehen, ist sehr groß. Doch woran scheitern dann die meisten Menschen? Warum haben die Menschen nicht den Körper, den sie haben wollen, und leben nicht in der Beziehung, die sie haben wollen? Was hält sie momentan davon ab? Was sind die größten Killer auf ihrem Weg zu einem besseren Körper und einem zufriedeneren Leben? Dieses Beispiel ist beliebig gewählt. Es ist mir an dieser Stelle aber extrem wichtig, dass du das erste Gesetz des erfolgreichen Gründens kennst.

Ein Beispiel für diesen Ansatz ist das Unternehmen Caté goods GmbH, das aus dem bisher ungenutzten Fruchtfleisch der Kaffeebohne ein Getränk herstellt. Basis der Geschäftsidee war das riesige Problem der Ressourcenverschwendung. Bisher wird das Fruchtfleisch nämlich einfach weggeworfen. Durch die Verwendung in dem Getränk bekommen die Bauern die Möglichkeit, zusätzliches Einkommen zu beziehen – und das aus ehemaligem Abfall! Das wohlschmeckende Getränk ist fairtradezertifiziert und setzt somit auf faire Bezahlung anstelle von Ausbeutung.

Stufe 2: Finde Menschen, die von diesem Problem betroffen sind

Die zweite Frage ist, wen das Problem betrifft. Wenn dies nur wenige Menschen sind, ist es schwer, das Produkt zu skalieren. Umgekehrt ist es, wenn es viele Menschen gibt, die sich dafür interessieren. Selbst wenn du es für wenig Geld an viele Menschen verkaufst, kommt trotzdem etwas Großes dabei heraus. Viele Softwarefirmen sind dazu übergegangen, das Modell Pay as you go einzuführen. Anstelle eines hohen, einmaligen Betrages zahlst du monatlich nur einen kleinen Betrag, solange du die Software nutzt. Damit einher geht der Trend des Cloud Computing. Das bedeutet, dass die heutigen Programme nicht mehr auf den stationären Rechnern arbeiten, sondern die Verarbeitung über leistungsstarke Rechenzentren stattfindet. Dank der Digitalisierung können Produkte weltweit verkauft werden. Es gibt heute mehr als 7 Milliarden potenzielle Kunden, und die großen Internetgiganten arbeiten fleißig daran, Internet und Smartphones auch in den letzten Winkel der Erde zu bringen.

Du machst dich bereits während dieser Stufe auf die Suche nach potenziellen Kunden, die sich für die Lösung des Problems interessieren. Wenn du zu einem späteren Zeitpunkt das Geschäftsmodell entwickelst, musst du sie zwingend einbinden.

Stufe 3: Sind diese Menschen dafür bereit, Geld auszugeben?

Du kannst die beste Lösung haben: Wenn niemand bereit ist, dafür Geld zu bezahlen, nützt sie dir nichts. Am besten findest du im Dialog mit deinen Kunden heraus, wie viel deine Zielgruppe bereit ist zu zahlen. Wo sind die Schmerzgrenzen, und was wäre ein richtig guter Preis? Was musst du deinen Kunden zusätzlich bieten, damit sie den von dir angestrebten Preis bezahlen? Ein Beispiel sind Staubsaugroboter. Die Idee ist gut, aber bis vor ein paar Jahren haben solche Geräte über 1.500 Euro gekostet. Nur wenige Menschen sind bereit, derartige Beiträge zu bezahlen, wenn ein normaler Staubsauger um die 200 Euro kostet und man in der Woche maximal eine Stunde für das Staubsaugen aufwendet.

Stufe 4: Recherchiere alles, was im Zusammenhang mit dem Problem steht

Wissen ist nur dann Macht, wenn du es auch anwendest. Dazu gehört, dass du alles recherchierst, was mit deinem Problem zusammenhängt. Gibt es Menschen oder Unternehmen, die sich bereits damit beschäftigt haben? Dann solltest du unverzüglich Kontakt aufnehmen! Vielleicht gibt es auch Veranstaltungen, die sich damit beschäftigen. Höre dich im Bekanntenkreis um, und bringe so viel wie möglich über dein Problem in Erfahrung. Bei der Keimster GmbH hat uns dieser Punkt besonders viel Kopfzerbrechen bereitet, da wir in einen Bereich vorgestoßen sind, indem es so gut wie kein öffentlich zugängliches Wissen gibt. Es gibt auch keine Datenbanken, in der wir Produzenten für gekeimte Saaten ausfindig machen konnten. Es hat mehr als zwei Jahre gedauert, bis wir uns ein vernünftiges Netzwerk aufbauen konnten und Zugang zum Produktionswissen bekommen haben.

> »Wenn eine Person mit Geld eine Person mit Erfahrung trifft, dann nimmt die erfahrene Person Geld mit und die reiche Person Erfahrung.«
> – Harvey MacKay[51]

Stufe 5: Entwickle eine Geschäftsidee für das Problem

Wenn du genügend Informationen über dein Problem zusammengetragen hast, kann es gut sein, dass die Ideen nur so aus dir heraussprudeln. In dem Buch *Denke nach und werde reich* sagt Napoleon Hill, dass die Energie aus zwei Batterien nicht zwei, sondern drei Batterien entspricht. Die Energien addieren sich nämlich nicht, sondern potenzieren sich.[52] Nutze diesen Umstand für deine Brainstormings.

Warum sind Ideen so wichtig? Weil sie Innovationen schaffen, also soziale, technische und wirtschaftliche Neuerungen. Angenommen, du hast ein Startup und möchtest mit einer neuen Idee und einem neuen Geschäftsmodell durchstarten. Damit du in den Markt eindringen kannst, brauchst du eine Innovation. Anderenfalls wird es extrem schwierig, dich gegen bereits etablierte Unternehmen durchzusetzen. Wenn du ein bestehendes Unternehmen hast, musst du dich vor Start-ups und Innovationen in Acht nehmen oder diese im Idealfall frühzeitig für dich nutzen. Das Buch *The Innovator's Dilemma* von Clayton M. Christensen beschreibt diese Problematik hervorragend. In diesem Zusammenhang lohnt es sich, sich tiefergehend mit disruptiven Technologien zu beschäftigen.

Was sind disruptive Technologien?

Laut Wikipedia sind Disruptive Technologien (oft auch Disruptive Innovationen; englisch *to disrupt* »unterbrechen« bzw. »stören«) Innovationen, die die Erfolgsserie einer bereits bestehenden Technologie, eines bestehenden Produkts oder einer bestehenden Dienstleistung ersetzen oder diese vollständig vom Markt verdrängen.[53]

Auch früher gab es disruptive Veränderungen, beispielsweise in der Schifffahrt. Im Jahr 1907 waren Segelschiffe vorherrschend. Zwar gab es schon Dampfschiffe, diese waren aber noch nicht ausgereift und wesentlich langsamer als Segelschiffe. Als Segelschiffbauer hättest du versuchen können, schnellere Segelschiffe zu bauen. Dies hat beispielsweise Thomas Lawson im Jahr 1902 versucht. Auch wenn es eine Meisterleistung ist, ein Segelschiff mit 25 Segeln zu bauen – es war die falsche Entscheidung. Bereits zu diesem frühen Zeitpunkt stand fest, dass es in Zukunft überwiegend Dampfschiffe geben wird. Diese waren schlichtweg schneller und effektiver. Schlussendlich ging mit dieser Entwicklung eine ganze Branche unter. Die Segelschiffbauer hätten nur dann eine Chance gehabt, wenn sie die disruptiven Technologien frühzeitig erkannt und effektiv für sich genutzt hätten. Sie hätten dann anstelle von Segelschiffen in Dampfschiffe investiert und somit ihr eigenes Geschäftsmodell angegriffen, bevor es andere tun. Dies ist die höchste Kunst. Steve Jobs hat dies beispielsweise mit dem Übergang vom iPod zum iPhone geschafft.

Was ist eine Idee?

Gute Ideen sind rar gesät. Treffende Synonyme sind Gedanken, Vorstellungen und Einfälle. Beschäftige dich so intensiv wie nur möglich mit der Findung eines Problems, und widme dich dann ganz bewusst anderen Dingen. Warum funktioniert das? Im ersten Schritt füllst du deinen Kopf mit Informationen, bis er beinahe zu platzen droht. Wenn du das Gefühl hast, dass dir überhaupt nichts mehr einfällt, machst du beispielsweise einen Waldspaziergang oder gehst alltäglichen Beschäftigungen nach. Durch das bewusste Loslassen aller Gedanken machst du Geistesblitze möglich. Dein Unterbewusstsein ist dabei ein starker Partner, der dich bei allem unterstützt, was du erreichen willst. Je intensiver du dich mit dem Thema beschäftigst, desto tiefer wirst du in die Materie einsteigen und desto mehr wertvolle Ideen wird dir dein Unterbewusstsein liefern. Die besten Ideen kommen oftmals zu ungewöhnlichen Zeitpunkten, es lohnt sich also, wenn du in dieser Phase immer dein Smartphone griffbereit hast, um sie sofort notieren zu können. Auch Brainstormings sind ein gutes Mittel zur Ideenfindung. Erstelle im ersten Brainstorming eine Mind-Map, die du in den fortlaufenden Besprechungen stetig anpasst. Organisiere dich so, dass du auch wirklich den Freiraum hast, dich ganz auf die kreativen Prozesse zu konzentrieren. Wenn du zum ersten Mal ein Unternehmen gründest, tendierst du vielleicht dazu, möglichst viele Menschen zu involvieren. Ich selbst habe diesen Fehler mit einer meiner ersten Firmen, einem Onlineshop für alternative Tiernahrungsmittel gemacht, der Pat-trade UG. Ich holte gleich fünf Mitgründer an Board. Die Folge waren endlose Brainstormings und die aufwendige Koordination von Menschen, die hauptberuflich noch einem anderen Job nachgingen. Kurz gesagt: Die Umsetzung war zum Scheitern verurteilt. Du benötigst einen harten Kern, der unkompliziert und schnell Entscheidungen treffen kann. Dieses kleine Team sollte perfekt harmonieren und zu 100 Prozent fokussiert sein.

Du bist erst dann am Ende der Entwicklung deiner Idee angelangt, wenn du dir sicher bist, dass du nur wenig Konkurrenz zu befürchten hast. Auch wenn einige wenige es schaffen, sich unter etablierten Marktführern durchzusetzen, ist es doch eher unwahrscheinlich. Beschäftige dich stattdessen von Anfang an mit der Frage, in welchem Bereich du am wahrscheinlichsten erfolgreich bist? Mit Sicherheit nicht dort, wo schon alles besetzt ist. Dieser Meinung ist auch Peter Thiel, der Gründer von PayPal und Erstinvestor bei Facebook und Airbnb, der in seinem Buch *Zero to One* sagt, dass das Schwierigste ist, von Null auf Eins zu kommen.[54] Sprich: Etwas zu schaffen, das vom jetzigen Standpunkt noch überhaupt nicht da ist. Wenn du irgendwann bei eins angekommen bist, ist es einfacher, dein Geschäftsmodell immer weiter zu optimieren. Traue dich, kreativ zu werden und herumzuspinnen – es gibt bei der Ideenfindung kein richtig oder falsch.

Stufe 6: Entwickle ein Geschäftsmodell

Sobald du eine Geschäftsidee hast, weißt du, was du machen willst. Jetzt geht es darum, wie du damit Geld verdienen kannst. Dein Geschäftsmodell legt fest, wie du deine Geschäftsidee organisierst und dein Produkt, deine Dienstleistung oder deinen Service anbietest. Am Beispiel von Xerox kannst du erkennen, dass das Geschäftsmodell immense Auswirkungen haben kann. Xerox hat im Jahr 1959 das Leasing erfunden. Das Druckermodell 914 wog eine Tonne und die Herstellerkosten beliefen sich im Jahr 1959 auf 2.000 USD, was zu dieser Zeit unvorstellbar viel Geld war. Es war vorherzusehen, dass niemand das Modell kaufte. Daraufhin suchte Xerox nach alternativen Geschäftsmodellen. Die Firma entschied sich dafür, dem Kunden 1.000 Freikopien zu geben und 95 USD monatliche Leasinggebühren zu verlangen. Ein Jahr später lag der Marktanteil im Kopiersegment von Xerox bereits bei 97 Prozent und der Umsatz bei 1 Mrd. USD.[55] Das zeigt die Macht von Geschäftsmodellen.

Wann ist dein Geschäftsmodell gut? Wenn es schlüssig ist und die Vorteile offensichtlich sind. Ein Beispiel hierfür sind die Elektroautos der Firma Tesla. Der Gründer von Tesla ist Elon Musk, der neben Peter Thiel auch PayPal mitgegründet hat. Es lohnt sich für dich als Gründer, sich mit seinen Büchern zu beschäftigen. Sofern der Strom nachhaltig produziert wird, können Elektroautos eine ökologisch sinnvolle Anlage sein. Da die Batterien zunehmend günstiger werden, je weiter ihre Entwicklung fortschreitet, ist die Anschaffung auch ökonomisch. Elon Musk folgt unerbittlich seiner Vision. Ein Elektromotor ist leiser, stinkt nicht und muss weniger gewartet werden, drei große Vorteile gegenüber herkömmlichen Verbrennungsmotoren. Auch hier handelt es sich um disruptives Potenzial, das die meisten Autohersteller als Modeerscheinung weggelächelt haben. Heute ist dies anders. Seitdem Tesla ein massenfähiges Auto für 35.000 USD hergestellt hat, steigen auch etablierte Automarken in den Markt ein.[56] Elon Musk ist jedoch schon viel weiter und stellte kürzlich ein integriertes Modell aus Solar-Dachziegeln, Speicherzellen im Haus und einem Elektroauto vor. In dem er an den Autobahnen Supercharger aufgestellt hat, hat er das Problem der fehlenden Tankstellen gelöst. Zudem werden die Autos nicht über Händler verkauft, sondern online oder in den eigenen Flagships-Stores. Elon Musk wollte nicht das Image klassischer Autohändler übernehmen und es ihnen auch nicht überlassen, wie sie die Kundenerfahrung gestalten.

Um ein erfolgreiches Unternehmen aufzubauen, musst du kreativ sein, kontinuierlich brainstormen und träumen. Versuche »out of the box« zu denken, und sprenge die bisherigen Grenzen deiner Gedanken. Ich erachte dies als eine der wichtigsten Aufgaben, denen du dich als Unternehmer stellen musst. Vielleicht wunderst du dich, dass ich nicht sage, dass BWL-Kenntnisse das Wichtigste sind. Immerhin musst du doch eine Bilanz lesen oder einen Kosten- und Nutzenplan aufstellen können? Wir Menschen sind es gewohnt, bestehende Dinge zu optimieren. Genau das ist Inhalt der klassischen Wirtschaftstheorie. Zwar lernen wir in der Betriebswirtschaft, wie ein Unternehmen effizienter gemacht werden kann, aber nicht, wie ein solches überhaupt entsteht. Manchmal kann sich Effizienz sogar negativ auswirken. Stell dir vor, du hast eine grandiose Idee und hörst im nächsten Moment, dass sich diese niemals rechnen wird. Höchstwahrscheinlich wirst du sie verwerfen. Für mich sind erfolgreiche Unternehmer eher kreative Künstler als BWL-Verwalter. Leider sind viele Gründerberater und Banker noch von der alten Schule und verlangen von dir Businesspläne und jede Menge Zahlen. All die Zahlen nützen jedoch nichts, wenn deine Geschäftsidee nicht gut ist. Traue dich zu experimentieren, zu staunen und dich auszuprobieren – genau, wie es kleine Kinder tun. Erst muss die kreative Anfangsarbeit geleistet sein, bevor es Sinn macht, sich der Betriebswirtschaft zu widmen.

Wie entwickelst du innovative Geschäftsmodelle?

1. Erstelle dir ein Diagramm (eine Canvas). auf dem alle wichtigen Bereiche eines Unternehmen abgebildet sind. Wenn du dies besonders professionell machen möchtest, empfehle ich dir das System Business Model Canvas von Alexander Osterwalder (sein Buch *Business Model Generation* findest du auch in unserer Literaturliste), mit dessen Hilfe sich neue Geschäftsideen hervorragend visualisieren lassen. Du kannst in jedem Bereich Innovationen schaffen. Xerox hat es im Bereich Payment vorgemacht, die Marke mit dem roten Bullen im Bereich des Marketings, also in der Art und Weise, wie Kunden erreicht werden. Auch Tupperware hat alles richtig gemacht. Es ist einmalig, wie diese hochpreisigen Plastikprodukte unter die Menschen gebracht werden. Innovationen können aus dem Bereich des Produktes selbst kommen, beispielsweise, indem das Produkt einer Kundengruppe zugänglich gemacht wird, für die es vorher unzugänglich war. Ein klassisches Beispiel sind ETF-Fonds. Sie legen passiv, also ohne Fondsmanagement, Geld an, sind breit diversifiziert und extrem kostengünstig. Vor den ETF-Fonds war es nur Großinvestoren möglich, zu extrem günstigen Konditionen gut diversifiziert Geld anzulegen. Innovationen können auch aus dem Bereich Kooperationspartner kommen, indem du diese mit attraktiven Vergütungen an dich bindest. So verhinderst du, dass andere Wettbewerber auf den Markt kommen. Es gibt verschiedene Vorlagen einer Canvas/eines Diagramms, die du dir bei Google heraussuchen und die du für deine Zwecke verwenden kannst. Bei unserer Hausverwaltung immcube sind wir vor allem über das Wertangebot gegangen. Unser Verwalterhonorar ist an die Nettokaltmiete geknüpft und entfällt bei Leerstand ganz. Bisher kennen wir keinen Anbieter, der dies so im Wohnimmobilienmarkt

handhabt. Der große Vorteil daran ist, dass wir mit dem Investor in einem Boot sitzen.

2. Nutze Visualisierungen für dich. Ich habe mir immer eine Canvas auf einem A3-Papier gemacht und mit Post-its gearbeitet. Jeder in der Brainstorming-Runde konnte sich darauf austoben. Wenn alles final gesetzt war, habe ich das Modell gemalt.

3. Stelle dein Konzept bei Mentoren und Businessplan-Wettbewerben vor. Spreche mit innovativen Unternehmern und frage sie, was sie davon halten. Gehe mit deinem Modell auf deine zukünftigen Kunden zu. Hole dir aktiv Feedback und erhalte gegebenenfalls Ideen und Optimierungen.

4. Mache den Proof of Concept. Dafür ist es nicht notwendig, die komplette Idee zu testen, sondern eine abgespeckte Version ist in der Regel ausreichend. In diesem Schritt geht es darum, ob dein Geschäftsmodell grundlegend funktioniert. Wir haben damals bei Keimster eine E-Mail mit unserer Motivation an unsere Zielgruppe geschickt und grob skizziert, was wir bezüglich Verpackungsgröße und Preis vorhaben. Eine andere Möglichkeit ist beispielsweise ein Crowdfunding bei der Plattform Startnext. Allerdings musst du viel Arbeit investieren, um eine sinnvolle Kampagne zu entwickeln. Dafür hast du die Möglichkeit, mit deinen potenziellen Kunden zu sprechen und kannst dir Feedback holen, wenn deine gewünschte Summe nicht zustande kam. Eine weitere Möglichkeit ist, deine Dienstleistungen oder Produkte schon mal auf einer abgespeckten Internetseite anzubieten. Durch bezahltes Marketing kannst du Traffic darauf leiten und schauen, wie viel Budget du einsetzen musst, um ein Produkt zu verkaufen. Wenn jemand bestellt, würde ich ihm das Geld zurückgeben und ihm ein kostenloses Produkt versprechen, sobald es lieferbar ist. Zusätzlich macht eine Befragung Sinn. Dafür kannst du deinem Kunden auch einen gewissen Geldbetrag zahlen. Wichtig ist, dass du an die Informationen kommst, warum er gekauft hat, was er komisch findet und was er verändern würde. So kannst du dein Konzept immer weiter verfeinern und die richtige Richtung festlegen. Diese Vorarbeiten sparen dir eine Menge Geld, denn nichts ist schlimmer, als mit

einem Schiff abzulegen, den Kurs nicht zu kennen und gegen den Wind in die falsche Richtung zu segeln.

Stufe 7: Bewahre den Bezug zu deiner Person

Setze neue Möglichkeiten, Technologien und Menschen immer in eine Beziehung zu dir selbst. Die beste Idee nützt dir nichts, wenn du bei der Umsetzung überhaupt keinen Spaß hast. Du wirst nur dann stressige Phasen aushalten, Überstunden machen und die vielen Ups and Downs des Unternehmertums meistern, wenn du wirklich für dein Unternehmen brennst. Vermeide unbedingt, irgendetwas zu machen, nur weil es Geld bringt. Verschwende keine Zeit, und widme dich direkt den Dingen, die du liebst. Es bringt nichts, wenn du dir ein Unternehmen aufbaust, damit du dir irgendwann das leisten kannst, was du wirklich willst. Mach es stattdessen lieber gleich! Angenommen, du liebst es, um die Welt zu reisen. Warum solltest du dir ein Unternehmen aufbauen, nur um es irgendwann wieder verkaufen zu können und genügend Zeit für die Reise deiner Träume zu haben? Stattdessen solltest du dir überlegen, mit welcher Idee du direkt damit beginnen kannst, neue Länder zu entdecken. Du weißt gar nicht richtig, wofür du brennst? Frage deine engsten Freunde, bei welchen Themen deine Augen zu leuchten beginnen, wenn du davon erzählst. Genau an dieser Stelle kannst du ansetzen. Im Idealfall erfüllt dein Unternehmen nicht nur dich selbst, sondern nützt auch anderen. Es kann hilfreich sein, zunächst verschiedene Kategorien aufzustellen. Im Anschluss kannst du entscheiden, welche am besten zu dir passt. Im Folgenden zeige ich dir, in welchen verschiedenen Positionen du an die Sache herangehen kannst.

Hersteller:

Als Hersteller produzierst du deine Produkte selber. Produkte sind großartig, da die Anzahl der verkauften Produkte nicht an deine Arbeitszeit geknüpft ist, sondern an den Bedarf deiner Kunden. Wenn der Verkaufspreis höher ist als die dafür aufzuwendenden Kosten, ist eine gute Skalierung möglich. Bei Software ist dies beispielsweise sehr einfach, da sich im Zweifelsfall lediglich deine Stromrechnung erhöht. Ansonsten fallen bei vielen Produkten mit zunehmender Menge noch andere Kostenarten an, beispielsweise für ein größeres Lager und mehr Personal. Unter »The Economy of Scale« versteht man Skaleneffekte. Die positive Seite der Massenproduktion ist, dass bei einer höheren Produktionsmenge die Kosten abnehmen. Egal, ob du 500 oder 1.000 Stück produzierst: Die Lagermiete bleibt die gleiche. Deshalb sinken die auf die Produkte umlegbaren fixen Mietkosten. Als Startup arbeitet der Skaleneffekt jedoch gegen dich, weil deine Produktionsmenge erstmal sehr gering ist. Wenn du ein Produkt weiterverarbeiten oder produzieren musst, ist der Kostenaufwand meist sehr hoch. Für Produktionsbetriebe gibt es allerdings oftmals regionale Förderprogramme. Als Hersteller ist es besonders wichtig, den Proof of Concept zu machen. Ein berühmter Satz von Loriot ist: »Mein Name ist Lohse, ich kaufe hier ein.« In dieser Szene aus dem Film *Papa ante portas* kauft ein pensionierter Einkaufsdirektor palettenweise Senf, um Preisersparnisse zu nutzen. Damit du nicht auf deinen Erzeugnissen sitzen bleibst, ist es wichtig, dir rechtzeitig eine Zielgruppe aufzubauen. Wir hatten bei Keimster das Problem, dass uns viele Betriebe aufgrund der zu geringen Mengen nicht beliefern wollten. Es ist schwer, mit einem überschaubaren Wareneinsatz überhaupt einen Fuß in die Tür zu bekommen. Zudem sind enge Zahlungsziele und die Warenvorfinanzierung ein großes Problem. Anstatt in teure Maschinen investieren zu müssen, gibt es heute Modelle wie den Mietkauf, die du für dich nutzen kannst.

Als Hersteller hast du mehrere strategische Möglichkeiten. Du konzentrierst dich rein auf die Produktion und verkaufst an den Großhandel. Der Vorteil ist, dass dieser für dich den Vertrieb übernimmt. Es gibt aber auch spezialisierte Agenturen, die diesen Part für dich übernehmen. Besonders beim Eintritt in ausländische Märkte empfiehlt sich diese Herangehensweise. Der große Nachteil ist, dass du ständig befürchten musst, ausgelistet zu werden, wenn beispielsweise der Absatz nicht stimmt. Zudem weißt du nicht, wie dein Produkt kommuniziert wird. Das war auch eine große Befürchtung von Steve Jobs. Er wollte nicht, dass ein Apple neben einen IBM-Computer steht. Als Produzent von morgen solltest du auf jeden Fall auch direkt verkaufen. Das liegt nicht nur an der Unabhängigkeit vom Großhandel, sondern du erhältst dadurch auch wertvolles Kunden-Feedback. Für Apple war der Kontakt mit den Kunden damals ein zentrales Argument, um eigene Stores aufzumachen. Engagiere auf keinen Fall ein Callcenter, das Kundenanrufe entgegennimmt. Meistens handelt es sich um schlecht bezahlte Mitarbeiter, die sich auch noch um andere Firmen und Produkte kümmern müssen. Du verpasst damit wertvolles Kunden-Feedback. Ich finde, das Feedback eines Kunden ist immens viel wert. Wir bekommen es kostenlos, und es gibt uns die Möglichkeit, zu wachsen. Zudem haben wir dadurch die Chance, einen Kunden an uns zu binden. Wenn einem unserer Kunden unser Produkt nicht gefällt, erstatten wir sofort das Geld, entschuldigen uns und schicken ein neues. Der Kunde muss auch nichts zurückschicken. Wir sind der Meinung, dass wir unseren Job nicht richtig gemacht haben, wenn der Kunde das Produkt schlecht findet. Gerade am Anfang benötigst du smarte Prozesse, um mit geringem finanziellen Einsatz gute Produkte erstellen zu können. Welche Möglichkeiten hast du? Finde eine Firma als Kooperationspartner, in deren Produktion du dir einen Prototypen bauen kannst. Miete dich in einen sogenannten Makerspace ein, um dir den Aufbau einer kostspieligen Fabrik zu sparen. Hier stößt du auf jede Menge Hobbytüftler oder pensionierte Ingenieure, die dich bei der Idee, dem Ausbau deines Netzwerks und vielen anderen Dingen weiterbringen können.

Meiner Erfahrung nach ist es günstiger, eine bestehende Produktion oder einen Betrieb zu kaufen. Die Betriebseinrichtung ist gebraucht, sollte aber noch funktionieren. Auch die bestehenden Kunden können übernommen werden. Du minimierst damit deinen Cashflow. Allerdings musst du genau prüfen, wie veränderungsbereit die Belegschaft ist und ob du alte Prozesse transformieren und reformieren musst. Eine eigene Produktion ist sehr anspruchsvoll. Du könntest beispielsweise damit beginnen, als Händler mit White Label zu beginnen und dir eine Zielgruppe aufzubauen und erst zu einem späteren Zeitpunkt selbst zu produzieren. So haben wir es auch mit Keimster gemacht. Das Tiergesundheitszentrum, das ich damals mit einem Tierarzt mitgegründet habe, hatten wir komplett neu eingerichtet. Wir mussten bei Null anfangen. Leider habe ich erst im Nachhinein gemerkt, wie viele Tierarztpraxen zu extrem günstigen Preisen zu verkaufen waren. Die Beteiligung an dieser Firma habe ich längst verkauft, aber von der erworbenen Erfahrung profitiere ich noch heute.

Händler

Als Händler stellst du kein Produkt her, sondern beziehst es möglichst günstig und verkaufst es. Die Vertriebsmonopole des Einzelhandels sind aufgebrochen. Heute kann jeder über Amazon oder Ebay Produkte verkaufen. Der schwere Marketingprozess wird dir im ersten Moment über die Plattform abgenommen. Allerdings haben die Plattformen auch Nachteile. Denn Amazon sieht ganz genau, wenn ein Produkt funktioniert und ersetzt es gegebenenfalls durch Eigenmarken. Für den Start sind diese Plattformen sehr gut geeignet, da darüber auch mit geringem Marketingbudget Umsätze generiert werden können. Langfristig empfehle ich dir jedoch, nie mehr als 50 Prozent deines Umsatzes damit zu machen oder zumindest kontinuierlich an deiner Unabhängigkeit zu arbeiten. Auch Produkte aus China sind mittlerweile komfortabel online beziehbar. Alibaba ist quasi das Amazon für B2B-Händler. Angenommen, du möchtest ein T-Shirt mit deinem Logo produzieren. Du kannst unkompliziert auf der Plattform stöbern, welcher Schnitt dir gefällt und dann mit dem Hersteller Kontakt aufnehmen, um die Details der Bedruckung zu klären. Es ist nicht mehr nötig, dass du nach China fliegst und dich dort vor Ort umschaust. Ein sehr erfolgreiches Beispiel hierfür ist das Unternehmen Gymshark:

Als Ben Francis 19 Jahre alt war, konnte er keine Trainingskleidung finden, die ihm gefiel. Kurzerhand gründete er mit seinem Schulfreund im Kinderzimmer ein eigenes Label. Rund fünf Jahre später ist es eine der am schnellsten wachsenden Marken in Großbritannien. In diesem Jahr (Stand 2018) soll Gymshark 100 Millionen US-Dollar Umsatz machen. Ausschlaggebend für den Erfolg war schlaues Influencer Marketing. Zunächst hatten die beiden Gründer lediglich eine Website. Als nach zwei

Monaten die erste Bestellung ankam, wurde diese direkt von China aus per Dropshipping verschickt. Aufgrund der mangelhaften Qualität investierten die beiden rund 200 Dollar für einen Schneidplotter, um die T-Shirts selber bedrucken zu können. Auch eine Nähmaschine war nötig, um die Labels anzubringen. Sie verbrachten sämtliche freie Zeit mit der Produktion und beobachteten genau, welche Fitness-YouTuber gerade zu den aufstrebende Stars der Videoplattform gehörten. Diesen schickten sie kostenlose Kleidung zu. Nach und nach gewannen sie zahlreiche bekannte Fitness-Vlogger als Markenbotschafter und brachten es sogar zu einem eigenen Stand bei der Fitnessmesse Bodypower. Danach waren sämtliche per Hand gefertigten Produkte innerhalb einer Stunde ausverkauft. Im gleichen Jahr konnten die beiden schon acht Mitarbeiter beschäftigen und 500.000 US-Dollar Umsatz generieren. Mittlerweile sind dort 150 Mitarbeiter beschäftigt. Aber auch Ben Francis selbst hat sich zu einem Personal Brand entwickelt. Am Anfang fokussierte sich Gymshark insbesondere auf Großbritannien. Mittlerweile konnten bekannte US-Promis gewonnen werden, und auch Deutschland hat Gymshark im Visier.[57] Mehr zum Thema Influencer Marketing erfährst du im Marketing-Teil von Michael.

Durch Plattformen gelingt es dir schnell, operativ tätig zu werden. Allerdings sind die Markteintrittsbarrieren sehr gering. Wenn andere Händler sehen, dass dein Produkt auf Amazon erfolgreich ist, werden sie es womöglich schnell kopieren und mit dir im Wettbewerb stehen.

Experte

Wenn du dir einen Expertenstatus aufbauen möchtest, solltest du insbesondere in skalierbare Produkte investieren. Es ist besser, Speaker zu sein, als Coach oder Trainer. Während letztere für fremde Personen Aufträge abarbeiten und immer wieder neue Mandate annehmen müssen, kann der Speaker an seinen Büchern und eBooks arbeiten. Da er vor einem großen Publikum spricht, verdient er meist in 45 Minuten mehr als ein Coach in mehreren Trainings. Die Skalierung erfolgt über die Menge an Teilnehmern. Es ist äußerst wichtig, dass du dich mit dem Thema

Brand Building auseinandersetzt. Dies wird von vielen unterschätzt. Um eine öffentliche Wahrnehmung aufzubauen, musst du enorme Anstrengungen unternehmen. Dazu kommt, dass du noch lange kein Coach bist, nur weil du ein paar Probleme selbst gelöst hast. Es ist relativ schwierig, damit ein hohes Level zu erreichen und Geld für diese Dienstleistung zu bekommen. Insbesondere für eBooks gilt jedoch, dass die Markteintrittsbarrieren relativ gering und die Produkte wenig komplex sind. Somit ist kaum Kapitaleinsatz nötig. Mit der EinfachStartup GmbH & Co. KG verfolge ich diesen Weg seit Jahren und weiß deshalb genau, wovon ich spreche. Wir haben mehrere Onlinekurse zu den Themen Marketing, Gründung und den Aufbau eines Onlineshops entwickelt, die bei Udemy zu finden sind. Auch unser zweites Buch beschäftigt sich mit diesen Themen. Du musst permanent an deiner eigenen Story arbeiten und benötigst viel Geduld. Es ist dabei immer wichtig, nicht als Gründerberater oder Unternehmensberater wahrgenommen zu werden. Oftmals sind dies Menschen, die zwar gute Tipps geben, aber niemals selbst in der Arena gestanden haben und als Unternehmer performen mussten.

Dienstleistung und Service

Hierunter fallen freie Berufe wie Steuerberater und Rechtsanwalt. Viele tauschen Geld gegen Zeit. Warum ist dies problematisch? Leider ist der Tag auf 24 Stunden begrenzt. Zusätzlich unterliegt er durch die zunehmende Verbreitung von künstlicher Intelligenz einem starken Wandel. Überlege dir, ob du wirklich langfristig in diese Richtung gehen möchtest. Deine Entlohnung steigt höchstens mit dem Know-how, über das du verfügst. Entscheidend ist eine hochwertige Ausbildung und kontinuierliche Weiterbildungen. Ein normaler Anwalt bekommt circa 150 Euro Honorar pro Stunde. Bildet er sich auf einem bestimmten Gebiet zum Fachanwalt weiter, kann er üblicherweise 250 Euro die Stunde abrechnen. Wenn du nicht arbeitest, weil du beispielsweise krank bist oder Urlaub machst, verdienst du auch kein Geld. Dein Einkommen ist stets mit einem Zeiteinsatz verknüpft. Dies geht aus der Definition für Dienstleistungen hervor. Es sind Arbeiten, die nicht unmittelbar in Produkte münden.

Stationäres Business oder alternatives Konzept der Ghost Kitchen

Zum stationären Business zählen beispielsweise Restaurants und Cafés, die bei einigen Banken zu den Risikobranchen gehören. Der Grund hierfür ist, dass es die gängigsten Gründungen sind. Das Marketing findet über den Standort statt, indem Menschen am Restaurant vorbeigehen. Mit durchdachten Social-Media-Aktionen können Menschen auch in entlegene Orte gelockt werden. Die Trends verändern sich und bieten viel Raum, um auf der Welle mitzusurfen, beispielsweise durch ein veganes Angebot, Street Food oder Burger. Allerdings sind die Mietflächen, das Personal und die Einrichtung mit erheblichen Kosten verbunden. Da nur ein beschränktes Platzangebot zur Verfügung steht, sind die Möglichkeiten zur Skalierung schwierig.

Das alternative Konzept zum stationären Restaurant ist die Ghost Kitchen. Sie kommt aus Amerika und hat den großen Vorteil, dass sie weniger Kosten verursacht als ein herkömmliches Restaurant. Der Unterschied zu einem herkömmlichen Restaurant ist, dass es weder Sitzplätze, noch große Räumlichkeiten bietet. Demzufolge halten sich dort auch keine Kunden auf. Stattdessen werden die Speisen direkt zu den Kunden geliefert, beispielsweise mithilfe von Lieferheld, Lieferando oder Foodora. Dabei ist es völlig normal, dass sich die angebotenen Speisen über Nacht ändern können, beispielsweise von Pizza zu asiatischen Gerichten – je nachdem, was sich am besten verkauft. In Amerika ist dieses Konzept weit verbreitet und umfasst oftmals über 50 Köche in einem Restaurant. Auch in London werden mit diesem Geschäftsmodell Umsätze in Millionenhöhe erzielt. Der große Vorteil ist, dass du lediglich eine Küche brauchst. Wo diese liegt, ist völlig egal. Du kannst beispielsweise von niedrigeren Mieten am Stadtrand oder in weniger beliebten Vierteln profitieren. Entscheidend ist lediglich, dass der Standort von Lieferdiensten angefahren wird. Du kannst dir alle Kosten sparen, die ein Restaurant teuer machen, beispielsweise Einrichtung, Geschirr und Besteck. Auch die in der Regel anfallenden Änderungen der ausliegenden Speisekarten entfallen. Stell dir vor, du eröffnest ein Café oder Restaurant und stellst fest, dass deine Idee nicht funktioniert. Du stehst in komplett eingerichteten Räumlichkeiten und hast womöglich einen hohen

Kredit aufgenommen, den du abbezahlen musst. Da das Ambiente in der Regel auf die kulinarische Richtung abgestimmt ist, werden Änderungen an der Speisekarte kostspielig. Bei einem Ghost Restaurant bist du äußerst flexibel. Wenn sich Salate nicht gut verkaufen, bietest du eben Burger an. Du musst lediglich gut kochen können.

Ein weiterer Vorteil ist, dass du dich in der Regel nicht ums Marketing kümmern musst, da das die Lieferdienste für dich übernehmen. Du kannst auch bei einem Ghost Restaurant damit beginnen, dein Geschäftsmodell zu testen. Suche dir beispielsweise eine Küche, die nicht ganztägig ausgelastet ist. Nun kannst du unkompliziert testen, wie hoch die Resonanz ist. Dazu reicht eine gut gepflegte Facebook-Seite aus, du brauchst noch nicht einmal eine eigene Website. Wichtig ist, dass du kontinuierlich Feedback von den Menschen bekommst, die deine Speisen bestellen. Wenn die Bestellungen mehr werden, kannst du das Geschäftsmodell beliebig nach oben skalieren. Es ist deine Chance, aus einem gewöhnlichen Geschäftsmodell etwas Innovatives zu machen. Allerdings macht ein Ghost Restaurant natürlich nur Sinn, wenn du leidenschaftlich gerne kochst. Es ist unabdingbar, dass dein Geschäftsmodell zu deiner Persönlichkeit passt.

Stufe 8. Entwickle die zugehörigen Prozesse und Systeme

Unternehmen, die mit modernster Software und innovativen Geschäftsideen arbeiten, brauchen immer weniger Ressourcen im Vergleich zu etablierten Unternehmen der Old Economy. Um dies zu verdeutlichen, vergleichen wir Facebook und Google mit Siemens.

Siemens macht 83 Milliarden Euro Umsatz und hat 372.000 Mitarbeiter.[58]

Facebook hatte im Jahr 2017 25.000 Mitarbeiter[59] und einen Umsatz von 40,65 Milliarden Dollar[60]. Die Dimensionen sind gigantisch. Ein Unternehmen, welches knapp die Hälfte des Umsatzes von Siemens macht, benötigt dafür weniger als ein Zehntel der Mitarbeiter.

Am 31. Dezember 2017 waren bei Google weltweit 80.110 Mitarbeiter beschäftigt.[61] Im gleichen Jahr erzielte Google einen Jahresumsatz von über 109,65 Milliarden Dollar.[62] Mit weniger als 1/4 der Belegschaft von Siemens hat Google mehr Umsatz gemacht.

Wer denkt, dass Siemens eine Ausnahme ist, hat sich geirrt. Im Jahr 2017 hat Daimler 190,46 Milliarden Dollar Umsatz gemacht und 289.321 Menschen beschäftigt.[63]

Zukünftige, smarte Geschäftsmodelle kommen mit immer weniger Personal aus. Der Suchalgorithmus muss zwar von Google ständig angepasst werden, aber die große Manpower ist dafür nicht mehr nötig. Diese Unternehmen zielen darauf ab, immer smartere Prozesse und Tools einzusetzen, um den täglichen Workflow besser zu steuern und abzubilden. Das ist übrigens auch das Ziel des Kapitalismus: Mehr Arbeiten zu rationalisieren. Dies ist in Ordnung, sofern zugleich ein Grundeinkommen eingeführt wird. Das Thema Tools solltest du dir von Anfang an verinnerlichen. Als bestehendes Unternehmen ist es nämlich sehr schwierig, neue Prozesse einzuführen. Ich habe das bei unserer neu gegründeten Hausverwaltung immcube festgestellt. Andere Hausverwaltungen hantieren mit Papierbergen, und nichts ist automatisiert. Wir konnten von Anfang an alles digitalisieren. Wenn der Mieter ein Problem hat, gibt er dieses in eine App ein und fertig. Der Rest wird automatisch erledigt. Sämtliche Prozesse wie Mahnungen, Ausschreibungen oder Mieterhöhungen verursachen keinen Aufwand, weil sie automatisiert ablaufen. Anstatt einfach drauflos zu arbeiten, haben wir uns sämtliche Prozesse angeschaut und die Vorarbeiten geleistet, um jeden Einzelnen davon zu automatisieren. Wir betreiben eine Hausverwaltung, für die man vor zehn Jahren noch über zehn Mitarbeiter benötigt hätte. Heute sind es drei.

Merke dir: Als Startup kannst du die Prozesse ganz neu definieren und die aktuellsten Systeme einsetzen. Du musst weder Daten migrieren, noch Mitarbeiter umschulen. Das ist ein riesiger Vorteil. Wenn du smart bist, ist es mithilfe der neuesten Technik möglich, ein großes Geschäft aufbauen und trotzdem eine kleine Belegschaft zu haben. Die besten Tools, die wir im Einsatz haben, findest du auf unser Website im kostenloses eBook *The next Unicorn*.[64] Sie wird laufend aktualisiert.

Stufe 9: Hole dir Feedback und nimm Anpassungen vor

Für mich gibt es keinen Misserfolg, sondern nur Punkte, die ich lernen kann. Thomas Edison wurde mal gefragt, wie er es trotz mehr als 1.000 Fehlschlägen geschafft hat, immer weiterzumachen. Er antwortete: »Ich bin nicht gescheitert. Ich kenne jetzt 1.000 Wege, wie man keine Glühbirne baut.« Wichtig ist, dass du dich bereits im Vorfeld darauf einstellst, dass etwas schief geht, und du nicht gleich aufgibst. Verstehe den Prozess, den ich hier beschrieben habe, als eine wundervolle Art und Weise, lernen zu dürfen. Ich habe deswegen auch mein erstes Buch *Das Feierabend-Startup* geschrieben. Wenn man eine gesicherte Existenz hat, fällt das Lernen leichter. Je mehr Feedback du erhältst, umso besser. Es hilft dir dabei, immer besser zu werden und dein Produkt oder deine Dienstleistungen den Kundenwünschen entsprechend weiterzuentwickeln.

Stufe 10: Vergiss nicht, dabei Spaß zu haben

Ich habe es oft bei mir selbst bemerkt, dass ich die wichtigsten Lernerfolge gar nicht richtig wertgeschätzt habe. Ich habe mich viel zu sehr damit beschäftigt, was alles nicht funktioniert. Im Kleinen ist es schwierig, die Fortschritte zu sehen. Du kannst es damit vergleichen, wenn du ein Kind bekommst. Da du es jeden Tag siehst, fällt es dir gar nicht auf, wie es von Tag zu Tag wächst und sich weiterentwickelt. Wenn dann Freunde kommen, die die Kleinen lange nicht gesehen haben, staunen diese oftmals über die großen Sprünge. Wichtig ist, dass du dein Unternehmen immer als Gesamtes betrachtest und nicht den Spaß daran verlierst. Gehe auch mal auf Distanz und werde dir klar, was gerade Wundervolles passiert und träume davon, wie es weitergehen kann.

Weiterführende Literatur:

Alexander Osterwalder, Yves Pigneur: *Business Model Generation: Ein Handbuch für Visionäre, Spielveränderer und Herausforderer,* Frankfurt a. M. 2011.
Ehrenfried und Brigitte Conta Gromberg: *Smart Business Concepts*, 2012.

Günter Faltin: *Kopf schlägt Kapital. Die ganz andere Art, ein Unternehmen zu gründen Von der Lust, ein Entrepreneur zu sei,* München 2008.

Peter Thiel, Blake Masters: *Zero to One: Wie Innovation unsere Gesellschaft rettet,* Frankfurt a. M. 2014.

Walter Isaacson: *Steve Jobs – Die autorisierte Biografie des Apple-Gründers,* München 2011.

Clayton M. Christensen: *The Innovators Dilemma: Warum etablierte Unternehmen den Wettbewerb um bahnbrechende Innovationen verlieren,* München 2011.

Ashlee Vance: *Wie Elon Musk die Welt verändert – Die Biografie,* München 2011.

Eric Ries: *Lean Startup: Schnell, risikolos und erfolgreich Unternehmen gründen,* München 2014.

Kapitel 6:
Bedingungsloses Grundeinkommen – eine neue Chance?

Das große Problem von heutigen Technologien wie KI, Robotik und der Digitalisierung ist, dass sie bestimmte Arbeiten besser machen als der Mensch und somit dessen Lohnarbeit zum Teil überflüssig wird. Aber was macht der Mensch dann in Zukunft? Wie definiert er sich? Woher bekommt der Staat seine Steuern, wenn immer weniger Menschen arbeiten? Die meisten Menschen definieren sich über ihren Beruf, was einen einfachen Grund hat. Ohne Einkommen kann man in unserer Gesellschaft nicht überleben. Wer lediglich ein geringes Einkommen erzielt, kann auch nur in begrenztem Umfang daran teilnehmen. Der Großteil der Bevölkerung bezieht sein Einkommen durch klassische Lohnarbeit. Ich bin der Meinung, dass man Arbeit und Einkommen trennen sollte. Natürlich warten hier große Aufgaben auf uns, beispielsweise die Frage nach der Finanzierung und Besteuerung des Kapitals. Es gibt diesbezüglich bereits erste Ideen, wie eine Robotersteuer, eine erhöhte Mehrwertsteuer oder eine Finanztransaktionssteuer. Die Finanztransaktionssteuer hätte den zusätzlichen Effekt, den Finanzmarkt zu stabilisieren und Spekulationen zu begrenzen. Allerdings ist es zu diesem Zeitpunkt nahezu unmöglich, den erforderlichen Prozentsatz auszurechnen. Durch die Einführung der Steuer kann noch nicht vorausgesehen werden, wie viel Transaktionsvolumen dadurch wegfällt. Außerdem erfordert ein solcher Steuersatz zumindest einen europäischen Konsens. Auch sollten strenge Gesetze gegen Steuerhinterziehung durch Offshore-Firmen etabliert werden.

Manche Ideen brauchen ihre Zeit. Ein Beispiel hierfür ist das Frauenwahlrecht, das es bis zum 30.11.1918 in Deutschland nicht gab. Es war vollkommen normal, dass nur Männer wählen konnten. Dies ist heute schlichtweg nicht mehr vorstellbar. Weitere Beispiele finden sich zuhauf. So konnten Ehefrauen erst ab 1962 ein eigenes Bankkonto eröffnen, und erst ab 1969 wurde ihnen die volle Geschäftsfähigkeit zugesprochen.[65]

Eine aktuelle Idee, die in Zukunft vielleicht einmal normal sein könnte, ist das Grundeinkommen. Ob dieses allerdings wirklich proaktiv eingeführt wird, ist aus meiner Sicht fraglich. Nachfolgend beschäftigen wir uns tiefergehend mit dem bedingungslosen Grundeinkommen, da es gerade für Gründer unglaubliche Chancen bietet. Ich empfehle jedem heutigen Gründer, sich dafür einzusetzen, damit es in Zukunft noch mehr Menschen gibt, die mit ihrer eigenen Firma ihre eigenen Ideen verwirklichen.

Verstößt das Erwerbsgebot gegen die Grundrechte?

Grundgesetz Art 1: »(1) Die Würde des Menschen ist unantastbar. Sie zu achten und zu schützen ist Verpflichtung aller staatlichen Gewalt.«[66]

Hier stellt sich die Frage, wie viele Menschen in Deutschland keiner würdevollen Arbeit nachgehen und wie viele auf Basis eines Mindestlohns ausgebeutet werden. Es gibt zu viele, die sagen, dass sie ihren Job niemals ausüben würden, wenn sie nicht das Geld benötigen würden. Dabei sind wir souveräne und mündige Bürger und können unsere Gesellschaft selbst gestalten. Wollen wir wirklich, dass Menschen noch unwürdigere Jobs annehmen müssen? Beim Thema Bedingungsloses Grundeinkommen kommt oft das Argument, wer dann die »Drecksarbeit« machen soll. Fakt ist: Es wird jemanden geben, der diese Arbeiten erledigt, jedoch zu anderen Bedingungen als bisher. Gerade die Tätigkeiten, die wenige Menschen machen wollen, sind sehr schlecht bezahlt. Dies funktioniert nur aufgrund des Drucks, arbeiten zu müssen. Wer sich beispielsweise im Altenheim genügend Zeit für einen alten Menschen nimmt, um sich dessen Geschichte anzuhören, oder sich der Erziehung von behinderten Kindern widmet, sollte ausreichend entlohnt werden. Das Grundeinkommen kann dabei helfen, Anreize zu schaffen, um Menschen würdevoller zu behandeln und gerade den Menschen, die unliebsamen Jobs nachgehen, entsprechende Anerkennung zu zollen. Wer seinen Job überhaupt nicht mag oder aber aufgrund des Geldes an einer ungeliebten Selbstständigkeit festhält, läuft Gefahr, auszubrennen. Ich will nicht wissen, wie viel Motivation und Energie Menschen verlieren, weil sie sich Existenzsorgen machen. All dies wäre mit dem bedingungslosen Grundeinkommen Vergangenheit.

Ist Arbeit der Sinn des Lebens?

Ist es wirklich so, dass Arbeit glücklich macht und uns einen Sinn im Leben gibt? Wenn wir ehrlich sind, trifft dies nur auf wenige Menschen zu. Ich denke, der Großteil der Bevölkerung ist glücklicher, wenn er am Montag ausschlafen und etwas mit seiner Familie erleben kann. Wer als reicher Mensch hingegen das Geld für sich arbeiten lässt und von den Erträgen leben kann, wirkt auf mich ganz und gar nicht unglücklich. Warum kämpfen die Menschen, wenn ein Produktionswerk geschlossen wird und gehen auf die Straße, um zu protestieren? Geht es dabei um den Job oder doch eher um den drohenden Einkommensverlust? Im Jahr 1963, auf dem Höhepunkt der Kohleförderung, wurden auf einen Schlag 10.000 Menschen arbeitslos.[67] Diese Menschen protestierten für den Erhalt ihres Einkommens, nicht für ihren Job. Denn wer hat Spaß daran, unter Tage zu arbeiten, eine verkürzte Lebenserwartung zu haben und der Gefahr schwerer Krankheiten ausgesetzt zu sein? Natürlich gibt es eine kleine Gruppe von kreativen Köpfen, leidenschaftlichen Unternehmern, Spitzensportlern und Menschen, die ihr Hobby zum Beruf gemacht haben. Diese arbeiten nicht wegen des Geldes, sondern weil es ihnen Spaß macht. Für diese Menschen hat die Arbeit etwas Erfüllendes, aber nicht für diejenigen, die entfremdeten Arbeiten nachgehen müssen. Hierzu gehören monotone Tätigkeiten wie Fließbandarbeit, Kassieren oder Datenerfassung. Soziale Teilhabe kann aus meiner Sicht wesentlich besser auf anderen Plattformen ausgeübt werden als über solche Arbeitsstellen. Es gibt ein großes Kulturangebot und zahlreiche Vereine und Einrichtungen, die Menschen fördern und dazu auffordern, mit der Umwelt im Einklang zu leben. Stelle dir vor, wie es wäre, wenn du nicht mehr arbeiten müsstest, um dir deinen Lebensunterhalt zu finanzieren. Zwar könntest du mit dem Bedingungslosen Grundeinkommen nicht in Saus und Braus leben, aber du könntest beispielsweise einer zusätzlichen Tätigkeit nachgehen, die dir wirklich liegt und dir damit etwas dazuverdienen. Wahrscheinlich hättest du deine Geschäftsidee ohne finanziellen Druck schon längst in die Tat umgesetzt.

Bedingungsloses Grundeinkommen zur Aufrechterhaltung der Wirtschaft

In Zukunft werden zahlreiche Arbeitsplätze wegfallen. Allerdings wird auch der Konsum stark einbrechen, wenn immer weniger Menschen dazu in der Lage sind, ein Einkommen zu erwirtschaften. Denn aktuell werden alle Produktpreise und Abgaben letzten Endes wieder in Einkommen umgewandelt. Allein deswegen ist das bedingungslose Grundeinkommen notwendig. Nicht umsonst sind die Unternehmen aus dem Silicon Valley stark daran interessiert, ein Grundeinkommen einzuführen. Hierzu gehört der Tesla-Gründer Elon Musk, der einer von vielen ist, die diese Lösung favorisieren.[68] In Bezug auf die Datenökonomie sind die Daten eines armen Menschen wertlos, da nur Menschen mit Einkommen Produkte und Dienstleistungen konsumieren können. Dies ist unglaublich, oder? Die kapitalistischsten Unternehmen schlagen aus Selbstschutz die Einführung des Grundeinkommens vor.

Jobverlust auch im Dienstleistungssektor

Auch wenn wir in Deutschland aktuell ein Jobwunder haben, fallen irgendwo auf der Welt Tätigkeiten weg. Momentan ist es in einigen Erdteilen zwar noch günstiger, mit Menschen eine Produktion aufzubauen, aber sobald der Wohlstand steigt, werden mehr und mehr Produktionsschritte durch Maschinen ersetzt werden. Dies ist beispielsweise in China der Fall. Die Annahme, dass durch den fortschreitenden Einsatz der Technologie so viele Jobs entstehen wie wegfallen, ist falsch. Wie bereits weiter vorne beschrieben, ist die Besonderheit unserer Zeit, das auch klassische Dienstleistungsberufe wie Buchhalter, Versicherungskaufleute und Bankmitarbeiter betroffen sind. Gerade diese Berufe galten vor 20 Jahren als sicher. In der Produktion arbeiten schon heute nur noch wenige Menschen. Die Landwirtschaft läuft aus Kostengründen seit geraumer Zeit zum größten Teil automatisiert. Es gibt auf den Feldern bereits autonomes Fahren. Drohnen überwachen das Feld und prüfen, wo mehr gedüngt oder Unkraut bekämpft werden muss. Der Apple-Zulieferer Foxconn betreibt in China den größten Industriekomplex. Beinahe 1,1 Millionen Menschen arbeiten hier. Aber auch hier werden zunehmend Roboter eingesetzt, die sogenannten Foxbots. Momentan sind es über 50.000 Stück, Tendenz steigend. [69]

Die Lüge der Leistungsgesellschaft

Grundsätzlich müsste sich die Gesellschaft erstmal darauf einigen, wie man Leistung misst. Zeit ist kein mögliches Kriterium, da es auch unproduktive Zeiten gibt, in denen nichts zu tun ist, Menschen jedoch trotzdem bezahlt werden. Aber auch Verantwortung kann nicht als Grundlage dienen, da Politiker ansonsten mehr verdienen würden als Vorstandsvorsitzende. Was ist also Leistung? Warum spreche ich von der Lüge der Leistungsgesellschaft? Der Vorstandsvorsitzende von SAP, Bill McDermott, bekam 2017 eine Gesamtvergütung von 21,8 Millionen Euro.[70] Er hat das Unternehmen noch nicht einmal gegründet. Welche Leistung kann er erbracht haben, dass er 565-mal so viel verdient wie der Durchschnittsverdiener in Deutschland? Wir haben schon lange ein System, das nicht die Leistung belohnt. Auch Menschen, die unterbezahlten Jobs nachgehen, beispielsweise Krankenpfleger oder Erzieher, arbeiten hart und geben jeden Tag alles. Es geht also nicht um Leistung, sondern darum, die besten Leute zu finden, die den Unternehmenswert maximieren. Hier bestimmt nicht die Leistung den Preis, sondern Angebot und Nachfrage. Wenn der CEO genügend Kompetenz und Erfahrung mitbringt, kann er hohe Gehälter verlangen. Die einzige Gegenleistung ist, dass die Zahlen erfüllt werden. Aktuell leben wir in einer Gesellschaft, die höchst ungerecht ist und in der das Vermögen asymmetrisch verteilt ist. Das kann nicht gut sein – schon gar nicht für neue Gründungen. Nicht umsonst bringen die meisten Gründer nur wenig bis gar kein Kapital ein. Woher soll es auch kommen? Da ich selbst aus keinem reichen Elternhaus stamme, weiß ich, wie schwierig es ist, mit null Euro Startkapital ein Unternehmen aufzubauen. Unser gesamter Wohlstand beruht auf Generationen vor uns. Die Demokratie, Kultur, Infrastruktur und die Leistung, die heute erbracht werden kann, können nicht einem Einzelnen zugeordnet werden. Das SAP so erfolgreich ist, liegt auch an den gut ausgebildeten Menschen, die dort arbeiten, der Rechtssicherheit und der historischen Entwicklung. All das fließt in die heutige Leistung mit ein. Die Frage ist, wie verteilt man dieses Vermögen?

Wie hoch sollte das bedingungslose Grundeinkommen sein?

Richard David Precht, ein Philosoph und Unterstützer des bedingungslosen Grundeinkommens, dessen Bücher ich dringend empfehle, sprach sich in einem Interview beim Deutschlandfunk für eine Höhe von etwa 1.500 EUR im Monat aus.[71] Es handelt sich nicht um eine Grundsicherung, da Dazuverdienst problemlos möglich ist und dieser nicht angerechnet wird, wie es beim Arbeitslosengeld 2 der Fall ist. Zudem darf das Grundeinkommen nicht versteuert werden. Wenn jeder Bundesbürger mit der Geburt das Anrecht auf dieses Einkommen hätte, würde hier eine beträchtliche Summe zusammenkommen. Laut dem Statistischen Bundesamt hatten wir 2016 82,52 Millionen Bürger.[72] Würden diese 1.250 Euro Grundeinkommen im Monat bekommen, wären das 103.337.500.000 Euro im Monat, also 103 Milliarden 337 Millionen und 500.000 Euro. Auf zwölf Monate hochgerechnet beträgt dies etwa 1,2 Billionen Euro. Der gesamte Bundeshaushalt beträgt im Jahr 2018 etwa 343,6 Milliarden Euro. Allerdings kann das Grundeinkommen erst ab dem 18. Lebensjahr ausgeschüttet werden, und für Kinder gilt ein verminderter Betrag. Eine anderes Konzept ist das substitutive Grundeinkommen. Nur wer beispielsweise weniger als 1.250 Euro im Monat verdient, bekommt das Grundeinkommen. Hier gehen die Meinungen auseinander. Mit einer Erhöhung der Mehrwertsteuer im einstelligen Bereich könnte diese Maßnahme wahrscheinlich finanziert werden. Ich denke, dass viele Menschen freiwillig auf das Grundeinkommen verzichten oder es spenden würden. Es muss ja nicht unwiderruflich sein. Wie genau das Grundeinkommen finanziert werden kann, muss auf politischer Ebene gelöst werden. Ich wollte damit nur zeigen, dass es Möglichkeiten gibt, erhebe aber keinen Anspruch auf Vollständigkeit. Wenn sich die Gesellschaft und die Politik darauf geeinigt haben, wird es auch möglich sein, vernünftige Lösungen zu erarbeiten.

Sinnverlust ohne Arbeit?

Eine Frage, die ich im Zusammenhang mit dem bedingungslosen Grundeinkommen oftmals höre, ist, was die Menschen dann machen. Werden sie sich nicht furchtbar langweilen und in schwere Depressionen fallen? Schon heute gibt es mehr unbezahlte Leistungen als bezahlte. Hier sind an erster Stelle Ehrenämter, Familienpflege und Hobbys zu nennen. Mit dem bedingungslosen Grundeinkommen können wir wieder mehr Zeit mit den Kindern verbringen und müssen sie nicht für 8,5 Stunden in eine Kita oder einen Kindergarten schicken. Für Kinder sind Eltern die wichtigste Bezugsperson, und es ist extrem wichtig, Zeit mit ihnen zu verbringen. Genauso ist es mit den Eltern, wenn sie alt werden. Ist es nicht unmenschlich, sie in ein Pflegeheim zu schicken? Momentan fehlt uns aber meistens die Zeit für die Pflege, weil wir einem Job nachgehen müssen, um Einkommen zu erwirtschaften. Ich komme ursprünglich aus Schwerin. Da es wenige Beschäftigungsmöglichkeiten gibt, erlebt die Stadt seit langer Zeit einen geraumen Bevölkerungsschwund. Auch ich habe die Stadt wie viele andere aus diesem Grund verlassen. Diese Abwärtsspirale könnte durch ein bedingungsloses Grundeinkommen eingedämmt, wenn nicht sogar bekämpft werden. Es ist doch irrwitzig, dass wir in Deutschland wunderschöne Städte haben, die vereinsamen, und sich auf der anderen Seite alle um die wenige Freiflächen in Hamburg, München oder Berlin prügeln und dafür absurde Preise bezahlen müssen. Ich kenne mich in diesem Bereich sehr gut aus, da ich eine Immobilienfirma und eine Hausverwaltung habe und dieses unglaubliche Spiel gerade mitverfolge. Meines Erachtens werden sich die meisten Menschen mit einem Grundeinkommen primär Aufgaben suchen, die sie über sich selbst hinauswachsen lassen. Du wirst dich wahrscheinlich verstärkt mit der Frage auseinandersetzen, was deine Lebensaufgabe ist. Je mehr du dir darüber im Klaren bist, desto erfolgreicher wirst du sein.

Auf welche Barrieren stößt die Einführung des Grundeinkommens?

Zum einen ist das Mangeldenken zu nennen. Jeder Mensch hat ein eigenes Gerechtigkeitsempfinden. Es gibt keine allgemeine Gerechtigkeit. Für viele Menschen ist der Gedanke befremdlich, per Geburt ein Anrecht auf ein Einkommen zu haben, für das man nicht arbeiten muss. Viele unterstellen der Bevölkerung eine gewisse Faulpelz-Mentalität, während sie sich selbst natürlich anders einschätzen, getreu dem Motto: »Ich selbst würde einer sinnvollen und respektvollen Arbeit nachgehen, während die anderen zu Hause vor dem Fernseher sitzen würden.« Diese Überschätzung des eigenen Handelns bei gleichzeitiger Unterschätzung der Handlungsweisen anderer ist auch als Dunning-Kruger-Effekt bekannt.

> »Probleme kann man niemals mit derselben Denkweise lösen, durch die sie entstanden sind.« (Albert Einstein)[73]

Viele Menschen sind mit ihrer Denkweise noch der Vergangenheit verhaftet. Dies kann die Einführung des Grundeinkommens erschweren. Ein anderes Hindernis ist in den großen Volksparteien zu sehen, die es gewohnt sind, mit dem Druckmittel Angst zu regieren und nicht etwa, eine positive Utopie zu entwickeln. Das Ziel von Arbeiterparteien wie der SPD ist es seit jeher, Menschen in Lohn und Brot zu bringen. Es bleibt lediglich zu hoffen, dass die Parteien an zukunftsfähigen Entwürfen arbeiten. Wir sollten uns jedoch die politische Frage stellen, ob wir uns Armut wirklich leisten wollen. Hierauf kann die Antwort meines Erachtens nur »nein« sein. Ein bedingungsloses Grundeinkommen ermöglicht es den Menschen, ihr bestes Leben führen zu können.

Auswirkungen auf die Gesellschaft

Was hätte es für Auswirkungen auf die Gesellschaft, wenn die Existenz bedingungslos gesichert wäre? Ich denke, wir hätten stärkere Bürger, die auch in ökologischen Ressourcenfragen nicht mehr egoistisch handeln, sondern vielmehr verantwortungsvoll mit sich und der Umwelt im Einklang leben und aktiv den Wandel gestalten würden. Gerade in Bezug auf Entwicklungen wie KI, Robotik und Industrie 4.0 brauchen wir diese starken souveränen Bürger und einen neuen gesellschaftlichen Entwurf. Es wird wenig Platz für Populismus geben. Der zweite Weltkrieg ist vor allem durch die Massenarbeitslosigkeit im Jahr 1929 (Black Friday) und die darauffolgende Wirtschaftskrise entstanden. Wir sehen aktuell (Stand 2018) in Griechenland und Italien, wie es ist, wenn Menschen Angst davor haben, dass ihre Existenz bedroht ist.

Wenn das Grundeinkommen kommt, werden Menschen Dinge tun, die sie für sinnvoll halten und nicht, wozu sie aus wirtschaftlichen Gründen gezwungen werden. Jeder kann einen Weg finden, der zu ihm passt. Unternehmen müssen endlich anerkennen, dass sie über das kostbarste Gut der Menschen verfügen dürfen: Die Lebenszeit von Mitarbeitern. Diese ist mit Geld nicht aufzuwiegen. Ich kenne Unternehmer, die nicht verstehen, wenn sich Mitarbeiter beschweren. Immerhin bekommen sie doch ihren Lohn. Dieser ist jedoch die notwendige Bedingung. Menschen arbeiten, um sich zu entwickeln. Genau darauf sollten sich Unternehmen spezialisieren. Dazu kommen Anerkennung, Ehrlichkeit und Respekt im gegenseitigen Umgang. Es gibt Menschen, denen es enorm wichtig ist, viel Geld zu verdienen. Meistens wirken diese auf mich nicht besonders glücklich. Doch für was ist das Unternehmen dann da? Für seine Kunden, Mitarbeiter und Lieferanten. Es gibt zwei unterschiedliche Positionen in der Volkswirtschaft: Den Konsumenten und den Produzenten. Wenn wir Konsumenten sind, sollten wir zu Recht egoistisch sein. Du kaufst das, was dir gefällt, und nicht das, was anderen gefällt. Wenn du keinen Spinat magst, warum solltest du ihn dann kaufen? Als Produzent hingegen musst du altruistisch sein und dich permanent fragen, was anderen gefallen würde. Mit einem Grundeinkommen verleitet es weniger Produzenten dazu, egoistisch zu denken. Die Frage, womit ein Unternehmen Geld verdienen kann, wird durch die Frage ersetzt, wie möglichst viel Sinn gestiftet werden kann. Wenn dein Kühlschrank voll ist, wird es dir wahrscheinlich eher gelingen, dich darauf zu konzentrieren, was andere gut finden, was sie wollen und wie deren Wünsche verwirklicht werden können. Diese Denkweise ist bereichernd und erfüllend. Jeder angehende Gründer sollte sich aus diesen Gründen für ein bedingungsloses Grundeinkommen einsetzen.

Mir ist es wichtig, die Debatte überhaupt in Gang zu setzen. Aus eigener Erfahrung weiß ich, wie schwierig es als Gründer ist, ohne Startkapital ein Unternehmen zu gründen und gleichzeitig die täglichen Existenzängste in den Griff zu bekommen. Ich kenne viele Menschen, die ihre Projekte genau aus diesem Grund nicht angehen. Das ist der größte Schaden, den wir gesellschaftlich anrichten können. Die Schweiz, die ohnehin eine hohe Grundsicherung hat, ist das erste Land, das über ein bedingungsloses Grundeinkommen abgestimmt hat. 23,1 Prozent (568.905 Menschen) der Befragten haben der Vorlage zugestimmt. Die Bundesstadt Bern hatte eine Zustimmung von 40 Prozent.[74] In der Schweiz kann sich immerhin jeder Vierte ein Grundeinkommen vorstellen. Ich denke, es ist nicht die letzte Abstimmung darüber.

Weiterführende Literatur:

Götz W. Werner: *Einkommen für alle. Bedingungsloses Grundeinkommen - die Zeit ist reif*, Köln 2018.

Richard David Precht: *Jäger, Hirten, Kritiker. Eine Utopie für die digitale Gesellschaft*, München 2018

Teil 2
Marketing

Kapitel 7
Wie du deine Ware bekannt machst

»Niemand, der seine Arbeit tatsächlich versteht, würde sich einen
Experten nennen.«   Henry Ford[75]

Bevor wir zum zweiten Teil dieses Buches kommen, möchte ich klarstel-
len, dass ich kein Experte in dem bin, was ich tue. Ich möchte mir diesen Titel nicht geben, da es so viele Menschen gibt, die in den einzelnen
Bereichen mehr wissen als ich. Fest steht jedoch, dass ich weiß, was ich
tue und in den letzten zehn Jahren sehr viel Know-how in den nachfol-
genden Themen gesammelt habe. Was für mich funktioniert hat, kann
durchaus auch für dich funktionieren. Ich beschreibe hier ausschließlich
Projekte, die wir in unseren Firmen exakt so durchführen. Ich empfehle dir nichts, was wir nicht auch selber tun oder in naher Zukunft umzusetzen planen.

Es sind sozusagen aktuelle Aufzeichnungen aus meinem täglichen
Geschäft. Ich hoffe, dass es dir den Einstieg in dieses spannende und
komplexe Thema erleichtert, wenn du weißt, wie es bei uns gelaufen ist
und gerade läuft.

Nun bist du im praktischen Teil dieses Buches angelangt. Hier geht
es insbesondere darum, die von Erik aufgezählten Trends aus Marke-
ting-Sicht für dein Unternehmen in die Realität umzusetzen. An diesem Punkt werde nun ich, Michael, das Ruder übernehmen und dich
durch die Welt von Facebook, Instagram und Co. führen. Außerdem
wirst du erfahren, wie du die Henne-Ei-Herausforderung für dich lösen kannst.

Was ist die Henne-Ei-Herausforderung?

Du benötigst Menschen, die deine Produkte oder deine Dienstleistungen kaufen, damit du zum einen genügend Geld verdienst, um davon leben zu können, und zum anderen, um genügend übrig zu haben, damit du dieses wieder zurück in dein Business investieren kannst, beispielsweise in Mitarbeiter, Software, neues Equipment, Ware und vieles mehr. Damit du diese Menschen jedoch überhaupt erreichst, benötigst du wiederum liquide Mittel. Denn wie sollen deine potenziellen Kunden auf dich aufmerksam werden, wenn sie dich nicht kennen? Die Katze beißt sich hier förmlich in den Schwanz. Es ist wie in dem berühmten Beispiel mit der Henne und dem Ei, bei dem man sich fragt, was zuerst da ist.

Meines Erachtens ist dies eines der zentralen Gründerprobleme. Auch nach einem erfolgreichen Start deiner Firma wird es wieder auftauchen, insbesondere, wenn du wachsen möchtest.

Leider gibt es für die Henne-Ei-Herausforderung kein Wundermittel, das dir eine Abkürzung beschert. Es gibt jedoch zwei klare Wege: Entweder, du verfügst bereits über etwas Geld und investierst dieses bei Facebook und Instagram, um dein Produkt zu bewerben. Es ist jedoch kein Garant für deinen Erfolg, wenn du hier viel Budget einsetzt. Richtig eingesetzt kann es dennoch eine große Erleichterung für das Wachstum deiner Firma sein. Die zweite Variante ist das genaue Gegenteil. Du hast weder Eigenkapital, noch Investoren.

Wie du auch ohne Startkapital erfolgreich werden kannst

Wenn du mit nichts startest, gibt es wiederum zwei mögliche Herangehensweisen: Die erste ist, auf intelligente Art und Weise Hashtags für dich zu nutzen und großartigen Content zu erstellen, sei es Schrift, Bild, Video oder Audio. Du benötigst hierfür einen langen Atem, weil du es über einen großen Zeitraum durchhalten musst. Die zweite Variante ist, große Fanpages oder Influencer anzuschreiben und ihnen etwas anzubieten, was von hohem Nutzen oder Wert ist.

Du verlangst dafür keine Gegenleistung. Auch hier benötigst du viel Geduld, weil es einen langen Zeitraum in Anspruch nehmen wird. Kooperationen sind der schnellste Weg, um eine große Fan-Base aufzubauen und Besucher auf deine Website zu locken.

Es wird jedoch Jahre und nicht nur Monate dauern, bis du Erfolg haben wirst. Influencer bekommen täglich unzählige Anfragen von Menschen, die etwas von ihnen wollen. Die meisten werden abgewiesen, ignoriert oder bekommen eine Absage. Das Gleiche gilt für Blogartikel auf deiner Website, Videos bei YouTube oder Zuhörer für deinen Podcast. Bis du organisch bei Google oder YouTube in den ersten Suchergebnissen landest, kann viel Zeit vergehen.

Werde kreativ, um dein Business voranzubringen

Wieso empfehle ich dir dennoch diese Strategien? Sobald ein Influencer merkt, dass du ihn nur ausnutzen möchtest oder ihm keinen Mehrwert bietest, wird er sich auch nicht mit dir unterhalten. Wenn du ihm jedoch ein Angebot unterbreitest, das er nicht ausschlagen kann, wird sich dies schnell ändern.

Du fragst dich, was das sein kann, wenn du kein Geld hast und nichts Außergewöhnliches anbieten kannst? Hier musst du kreativ werden. Du kannst beispielsweise eigene T-Shirt-Designs über SpreadShirt drucken lassen. Als Webentwickler kannst du potenziellen Kunden anbieten, eine kostenlose Website zu machen.

Als Texter kannst du anbieten, kostenlos für ihn zu schreiben. Du wirst eine positive Rückmeldung bekommen, wenn Influenzer eine Möglichkeit sehen, mit dir zu kooperieren. Im besten Fall erhältst du die Möglichkeit, auf ihrer Fanpage Content zu posten. Oftmals wirst du gar keine Antwort oder bestenfalls ein kurzes »nein, danke« erhalten. Du musst mit tausenden von Leuten in Kontakt treten, bis du jemanden findest, der etwas Neues versuchen und mit dir kooperieren will. Diese

Vorgehensweise ist anstrengend und zeitaufwendig. Aus diesem Grund machen es aber auch nicht viele.

Das ist deine Chance, auf diesem Weg deine Markenpersönlichkeit aufzubauen. Wesentlich schneller geht es natürlich, wenn du es dir leisten kannst, auf sämtlichen Plattformen Werbung zu schalten und du Influencer dafür bezahlen kannst, dein Produkt zu bewerben.

Mit gutem Content Beziehungen knüpfen

Die Art und Weise, wie du ein Produkt vermarkten kannst, hat sich komplett verändert. Jeder hat die Möglichkeit, mit wenigen Klicks kostenlos zur eigenen Werbeagentur zu werden. Der beste Weg, um ein Produkt zu vermarkten, ist die Erstellung von hochwertigem Content. Bei unserem Produkt, das gekeimte Bio-Müsli von Keimster, macht es beispielsweise Sinn, Rezeptideen zu posten, informative Blogartikel über gesunde Ernährung zu veröffentlichen, Videos bezüglich einer nachhaltigen Lebensweise zu drehen oder motivierende Podcast-Episoden darüber zu veröffentlichen, wie man fitter wird.

Deiner Kreativität sind dabei keine Grenzen gesetzt. Durch guten Content kannst du es schaffen, dir in einer Welt voller Experten, großer Konzerne und anderen Gründern, die ihre Marke bereits aufgebaut haben, einen Platz zu schaffen und zu deinen Kunden eine Beziehung aufzubauen. Es gehört jedoch noch mehr dazu, zum Beispiel der persönliche Kontext. Es muss ein wechselseitiger Austausch zwischen dir und deinen Kunden entstehen, der eine Beziehung zwischen Sender und Empfänger knüpft. Nur so kannst du eine fest etablierte Marke aufbauen. Es ist wichtig, zu verstehen, wie die Social-Media-Kanäle funktionieren und mit welchen Intentionen der jeweilige Benutzer auf der Plattform unterwegs ist. Auf Instagram wollen beispielsweise viele einfach nur mit ihren Freunden und Bekannten in Kontakt bleiben, während Facebook oftmals für Veranstaltungen und Events genutzt wird. Finde heraus, auf welcher Plattform welche Strategie funktioniert und setze diese konsequent um. Du musst verstehen, was deinen Kunden gefällt und was sie mögen. Orientiere dich dabei nicht an dir selbst. Zwar sollte sich dein Produkt oder deine Dienstleistung für dich stimmig anfühlen, aber die Art und Weise, wie du sie verkaufst und vermarktest, sollte auf deine Kunden abgestimmt sein. Es ist wichtig zu verstehen, dass jeder Kommentar, jeder Post, jedes Video, jedes Bild etc. Teil deiner Marke ist. Wann immer du etwas veröffentlichst, muss es zu deiner Marke passen. Deine Geschichte muss konsistent sein und stets eine persönliche Note aufweisen. Setze klare Botschaften. Was ist dir als Unternehmer wichtig? Was ist dein größeres Endziel? Wenn du diese Themen für dich festgelegt hast, fungieren sie wie ein innerer Kompass, der dir den Weg zeigt. Jedes Mal, wenn du nicht weißt, wie du in einer Situation reagieren sollst, kannst du kurz innehalten und vor deinem inneren Auge dein oberstes Ziel, deine individuelle Botschaft visualisieren.

Wie du die Aufmerksamkeit deiner Zielgruppe bekommst

Damit Menschen überhaupt auf dich aufmerksam werden können, musst du im Vorfeld etwas schaffen, das sie konsumieren können. Im besten Fall ist dies etwas Informatives mit Unterhaltungscharakter. Je größer der Mehrwert und die Relevanz für deine Zielgruppe ist, desto besser. Das große Problem ist, dass viele Gründer gar nicht erst anfangen, Content zu produzieren, oder irgendwann damit aufhören. Du benötigst aber kontinuierlich neue Inhalte, um dir ein Publikum aufzubauen.

Insbesondere, wenn du zu Perfektionismus neigst, lauert hier eine große Gefahr. Zugleich ist dies ein großer Denkfehler. Warte nicht, bis du das vermeintlich perfekte Video oder Bild kreiert hast, um eine hohe Reichweite aufzubauen. Stattdessen führt dich eine Kette vieler kleiner, nicht perfekter Posts ans Ziel. Vergiss nicht, dass auch der Weg das Ziel ist und du dich mit der Zeit automatisch verbessern wirst. An dieser Stelle musst du ansetzen. Überlege dir, wie du es schaffen kannst, mehrmals am Tag verschiedene Situationen zu posten oder zwei bis drei YouTube-Videos pro Woche zu produzieren.

Lass deine potenziellen Kunden Teil deines Weges werden und versuche nicht, ihnen direkt von Anfang an etwas zu verkaufen. Anstatt zu sagen »Kauft mein Produkt xy«, kannst du ihnen auch von dem Lieferanten erzählen, den du entdeckt hast und mit dem du in Zukunft zusammenarbeiten möchtest.

Dadurch schaffst du nicht nur Transparenz, sondern baust auch Vertrauen auf. Wenn dir der Gedanke, etwas zu produzieren oder zu erstellen, Kopfschmerzen bereitet, kannst du es auch lediglich als Versuch sehen, etwas zu dokumentieren. Diese Herangehensweise lässt den Perfektionismus in meinen Augen direkt verblassen, und es ist leichter, sich auf das Wesentliche zu fokussieren.

Du erschaffst Aufmerksamkeit. Anstatt eine Maske aufzusetzen und zu versuchen, jemand anderes zu sein, getreu dem Sprichwort »Fake it till you make it«, kannst du auch einfach du selbst sein. Vielleicht erscheint es dir am Anfang extrem unrealistisch, dass du jemals zu einer einflussreichen Persönlichkeit wirst, insbesondere, wenn du noch keine Erfahrungen in dem Business hast, das du jetzt starten möchtest.

Mache nicht den Fehler, dich als jemand anderes auszugeben, wenn du Inhalte für deine Marke erstellst, weil du denkst, dass du damit eher die Aufmerksamkeit der Menschen erregst. Ob du Online Marketing Manager, Motivationscoach, Personal Trainer oder Maschinenbauingenieur bist: Es ist besser, über den Prozess zu sprechen und diesen zu dokumentieren, als einen theoretischen Rat zu geben, von dem du denkst, dass du ihn geben solltest. Ich bin der Meinung, dass Menschen, die authentisch sind und ihren Weg mit all seinen Ecken und Kanten dokumentieren, in Zukunft erfolgreicher sein werden als diejenigen, die sich selbst von Anfang an als das Allheilmittel darstellen. Trau dich, und fange einfach an.

Nimm dein Handy in die Hand. Öffne Facebook, Instagram oder eine andere Plattform, und erzähle einfach, was dich zurzeit beschäftigt und was dir wichtig ist. Am Ende des Tages ist es völlig subjektiv, ob dein Content den Menschen gefällt oder nicht, weil es eine Geschmacksfrage ist. Was jedoch nicht subjektiv ist, ist die Tatsache, dass du angefangen hast, deinen eigenen Weg zu gehen. Damit bist du weiter als die 80 Prozent der Menschen, die gar nicht erst starten.

Kapitel 8:
Die wichtigsten Hilfsmittel für guten Content

Wenn du dich entschieden hast, online zu gehen und dich deinen zukünftigen Kunden zu präsentieren, ist schon einmal der schwierigste Teil getan. Jetzt brauchst du nur noch das richtige technische Know-how, um deine Pläne in die Tat umzusetzen. In diesem Kapitel findest du die wichtigsten Programme, Gadgets und anderen Hilfsmittel, die du dafür benötigst.

Wie du richtig gute Videos erstellst

Eins kann ich dir versichern: Du brauchst zum Start deiner Firma oder deines neuen Projektes definitiv keine 3.000 Euro teure Kamera. Smartphones sind mittlerweile so fortschrittlich, dass du damit optimale Videos erzeugen kannst. Es wurden sogar schon ganze Filme nur mit iPhones gedreht, dann aber natürlich mit entsprechendem Zubehör. Tu dir den Gefallen und starte mit dem, was du höchstwahrscheinlich sowieso schon besitzt: deinem Smartphone.

Ich empfehle dir, immer beide Hände an die Kamera zu legen, wenn du etwas filmst, da das für die nötige Bildstabilität sorgt. Zudem solltest du die Arme eng am Körper anlegen und dich nach Möglichkeit an etwas anlehnen, beispielsweise an eine Mauer oder einen Baum. Dies sorgt für zusätzliche Stabilität. Für gute Ergebnisse ist das Licht entscheidend. Wenn du mit dem Smartphone filmst, regelt es von selbst die optimale Helligkeit. Problematisch wird es jedoch, wenn du von einem sehr dunklen Raum ins

Freie kommst. Dein Smartphone wird alles tun, um sich an die neuen Belichtungsverhältnisse anzupassen, aber es kann trotzdem passieren, dass dein Video erst einmal viel zu hell oder zu dunkel ist.

Verhindern kannst du dies, indem du den manuellen Modus einstellst und beispielsweise selbst entscheidest, welches Objekt scharf sein soll oder welche Blende du verwenden möchtest. Die Blende bestimmt, wie viel Licht durch die Kameralinse auf den Sensor deines Smartphones projiziert wird. Grundsätzlich kannst du dir merken, niemals gegen das Licht zu filmen – es sei denn, du möchtest explizit, dass das Objekt, das du filmst, sehr dunkel wird. Smartphones besitzen eine wesentlich kleinere Linse als normale Filmkameras, weswegen du mehr Licht benötigst. Achte also beim Filmen auf eine optimale Ausleuchtung des Objekts. Nicht bei allen Smartphones ist ein manueller Modus möglich.

Wenn du mit dem Smartphone Videos aufnimmst, solltest du immer das Querformat verwenden. Ansonsten hast du nämlich beim Abspielen auf dem Computer oder Fernseher einen schwarzen Balken links und rechts. Bestimmt ist dir schon mal aufgefallen, dass die Bildqualität extrem leidet, wenn du die Zoomfunktion verwendest. Das Video wird zunehmend unschärfer, weswegen ich dir davon abrate. Stattdessen kannst du mit den integrierten Filtern deines Smartphones arbeiten, beispielsweise dem Schwarz-Weiß-Filter oder dem Sepia-Ton. Du kannst auch die Farben umdrehen. Bevor du etwas filmst, solltest du den Flugmodus aktivieren. Nichts ist ärgerlicher, als wenn du nochmal von vorne beginnen musst, nur weil du einen unerwarteten Anruf bekommen hast.

Achte auf den goldenen Schnitt

Bestimmt möchtest du, dass die Szene, die du filmst, am Ende möglichst ästhetisch und ansprechend wirkt. Dies erreichst du ganz einfach, indem du den goldenen Schnitt beachtest, also die Aufteilung des Bildes in ein Drittel zu zwei Drittel. Nun positionierst du das Objekt genau auf dieser Grenze. Übrigens kannst du damit auch schöne Fotos erstellen.

Ein anderes spannendes Prinzip sind die sogenannten Five Shots. Zunächst fokussierst du dich auf das WO, also die Umgebung, in der die

Szene stattfinden soll. Danach geht es darum, zu zeigen, WER die Person ist. Du zeigst deinen Zuschauern nun eine Nahaufnahme des Gesichts und die jeweilige Handlung, beispielsweise das Streicheln einer Katze. Die Handlung wird langsam detaillierter und geht zum WIE über. Der Zuschauer sieht, wie die Hand der Person zum Fell der Katze geht und langsam durch das Fell wuschelt. Nun musst du einen WOW-EFFEKT einbauen. Dies ist die Königsdisziplin eines guten Videos. Denk dir eine Szene aus, die deine Zuschauer in jedem Fall überrascht. In diesem Beispiel könnte es beispielsweise die PERSPEKTIVE aus Sicht der Katze sein.

Es gibt grundsätzlich drei Basic-Perspektiven, die du verwenden kannst. Die erste Perspektive ist die, in der alle Protagonisten auf Augenhöhe sind. Die zweite Perspektive ist die Vogelperspektive und die dritte ist die Froschperspektive. Achte hier besonders darauf, dass die Akteure kein Doppelkinn bekommen.

Achte auf den richtigen Ton

Für die Qualität eines Videos ist auch der Ton entscheidend. Wenn du mit dem Smartphone filmst, solltest du dich im Vorfeld damit vertraut machen, wie eine Stimme klingt, wenn du sehr nahe dran bist oder einen weiten Abstand hast. Um einen möglichst guten Ton zu erzielen, ist es unabdingbar, sehr nahe am Geschehen zu sein. Es ist jedoch nicht nötig, dass deine Akteure schreien.

Sehr praktisch ist ein Mikrofon-Clipper, was im Grunde nichts anderes ist als eine Klammer, die mit Schaumstoff umhüllt ist. Wenn du diesen über dem Smartphone Mikrofon befestigst, schützt du deine Aufnahmen beispielsweise vor störenden Windgeräuschen. Achte darauf, dass du möglichst weit weg von Lärmquellen wie stark befahrenen Straßen bist. Wenn du Videos aufnimmst, solltest du dem Ton den Vorrang geben. Das Bild kannst du nämlich auch im Nachhinein noch retten, doch du hast nur eine Chance für guten Ton.

Wenn du viele Filme drehst, lohnt sich die Anschaffung eines Ansteck-Mikrofons, da dieses wirklich nur den Ton in unmittelbarer Nähe einfängt. Übrigens verbessern schon günstige Modelle deutlich den Klang. Wenn du zwischendurch prüfen willst, ob der Ton in Ordnung ist, empfehle ich dir, das Video mit geschlossenen Kopfhörern anzuhören.

Praktische Gadgets für gute Filme

Wenn sich dein Objekt bewegt, kannst du es locker aus der Hand filmen. In allen anderen Fällen ist die Verwendung eines Stativs sinnvoll, beispielsweise den Guerilla-Pod. Dieses Stativ ist superflexibel und lässt sich überall aufstellen. Im Anschluss überprüfst du nur noch das Bild und startest dann die Aufnahme. Auch mit dem Selfiestick lassen sich tolle Aufnahmen aus relativ spektakulären Positionen filmen. Damit dir beim Dreh nicht der Akku ausgeht, solltest du eine Power-Bank dabeihaben. Hilfreich können auch magnetische Füße oder spezielle Aufstecklinsen sein, die du mit einer Klammer an dein Smartphone klippst. Dadurch entsteht eine komplett veränderte Optik.

Der richtige Schnitt

Früher war im Gegensatz zu heute teures technisches Equipment nötig, um Filme zu drehen. Kürzere Filme kannst du mittlerweile bequem am Smartphone schneiden. Du kannst den Clip beispielsweise an einer bestimmten Stelle anfangen lassen und ihn hinterher noch ein bisschen kürzen. Nach dem Bearbeiten kannst du den Clip in die Mediathek einfügen. Komfortabler ist es, Videos am Laptop oder Rechner zu schneiden. Alleine schon aufgrund der Maus könnt ihr präziser schneiden. Schnittprogramme bieten sehr viele Auswahlmöglichkeiten an Effekten und Einstellungen, mit denen du das Beste aus deinem Videomaterial herausholen kannst.

Transferiere zunächst die Aufnahmen, die du mit deinem Smartphone getätigt hast, auf deinen Laptop. Nach dem Importieren öffnest du das Schnittprogramm, beispielsweise iMovie oder Windows Movie Maker, und legst ein neues Projekt an. Nun geht es an das Sichten und

Auswählen des Materials. Lösche alles, was du nicht benötigst. Du darfst übrigens keine fremden Szenen in deinen Film einbauen und diesen auf YouTube oder anderen sozialen Plattformen veröffentlichen. Es drohen aufgrund der Verletzung der Urheberrechte empfindliche Strafen. Auch in punkto Musik solltest du nur Tracks auswählen, für die du die Rechte hast.

Special effects

Im Normalfall wird ein Video immer dann geschnitten, wenn der Moment der größten Bewegung stattfindet. Warum? Weil der Schnitt innerhalb der Bewegung unsichtbar wird. Viele YouTuber möchten aber, dass der Schnitt sichtbar ist. Dies gelingt zum Beispiel mithilfe des Effekts Jump Cut, mit dem sehr harte Schnitte entstehen. Das Ergebnis ist ein relativ unruhiges Video, das aber auch sehr dynamisch wirkt. Ein weiteres Tool is Match Cut. Bei diesem ändert sich nicht die handelnde Person, sondern der Raum um sie herum. Spiele mit Effekten wie die Verstärkung der Geschwindigkeit oder Slow-Motion-Effekten. Sehr interessant ist auch der Einsatz von verschiedenen Blenden, mit denen du arbeiten kannst, beispielsweise der weichen Blende.

Dies kann natürlich lediglich einen kurzen Einblick zum Thema Videos geben. Weitere Inspirationen und Know-how findest du in YouTube-Tutorials oder auf Udemy.

Audio: Podcasts und Sprachassistenten

Du magst es nicht, vor der Kamera zu stehen? Dann könnten Podcasts das richtige Medium für dich sein. Sie bieten enormes Potenzial, da der Einstieg wesentlich einfacher ist. Bei Videos besteht die Gefahr, dass du dir zu lange Gedanken über das richtige Setting, Aussehen und Outfit machst und schlussendlich nie mit dem Filmen anfängst oder die Ergebnisse wieder und wieder verwirfst, weil du damit nicht zufrieden bist.

Podcasts hingegen sind wesentlich leichter zugänglich. Sie verkaufen Zeit und sind für alle Menschen geeignet. Wir leben in einer Multitasking-Welt, in der vieles gleichzeitig passiert. Es ist wesentlich einfacher, einem Podcast zuzuhören, während man Fahrrad fährt, als einem Video zuzuschauen. Auch im Auto sind Podcasts praktisch. Viele Menschen pendeln zur Arbeit und nutzen diese Zeit sinnvoll, indem sie Podcasts hören.

Podcasts passen ideal zu unserem Informationszeitalter, weil sie es ermöglichen, unser Wissen effizient und effektiv zu erweitern. Du kannst beispielsweise Google Podcasts, Apple Podcasts oder SoundCloud benutzen, um deine Inhalte hochzuladen. Allerdings wird es immer schwieriger, dich mit Podcasts von anderen abzuheben.

Wie kannst du die Menschen auf deinen Podcast aufmerksam machen? Leider ist es extrem teuer, Anzeigen bei Spotify und SoundCloud zu schalten. Hier gilt wie bei allen anderen Social-Media-Kanälen: Um eine Markenpersönlichkeit aufzubauen, musst du den bestmöglichen Content produzieren oder es durch deine Art schaffen, die Menschen in deinen Bann zu ziehen.

Äußerst hilfreich war die Einführung von Podcast Analytics durch iTunes. Du kannst nun genau sehen, wo deine Zuhörer pausieren, Inhalte überspringen oder ganz abschalten. Dies hilft dir dabei, benutzerdefinierte Anpassungen vorzunehmen, damit du den Bedürfnissen deiner Zielgruppe entgegenkommst.

Nutze deine anderen Social-Media-Accounts, um für deinen Podcast zu werben. Auch das Anstreben von Kooperationen ist sinnvoll. Unabhängig vom Gerät zählt heute allein die Qualität des Inhalts.

Vor ein paar Jahren gab es den großen Hype »Mobile First«. Bei der Erstellung von Webseiten wurde der Fokus auf Smartphones anstatt auf stationäre Geräte wie PCs oder Macbooks gesetzt. Der neueste Trend heißt Sprachassistenten.

Was macht das Thema Sprachassistenten so interessant, und weshalb solltest du dir schon jetzt Gedanken darüber machen, was deine Alexa- oder Google-Assistant-Fähigkeit sein wird? Diese technische Neuerung wird die komplette Art und Weise auf den Kopf stellen, wie wir Content konsumieren. Mehr zu diesem spannenden Thema erfährst du im ersten Teil dieses Buchs im Kapitel »Künstliche Intelligenz« unter Sprachassistenten.

Du musst dich mit Sprachassistenten beschäftigen, wenn du eine Markenpersönlichkeit aufbauen möchtest, da diese mit dem Aufkommen von Twitter im Jahr 2006, von Instagram im Jahr 2010 oder von Snapchat im Jahr 2012 zu vergleichen sind.

Doch welcher Inhalt könnte für Sprachassistenten relevant sei? Mache dir Gedanken, womit sich die Menschen die ersten zehn Minuten am frühen Morgen beschäftigen, die ersten zehn Minuten beim Heimkommen und die letzten Minuten vor dem Schlafengehen.

Das sind exakt die entscheidenden Momente, in denen wir uns über Neuigkeiten informieren und Pläne schmieden. Da wir beschäftigt sind, sollte der Content nicht zu viel Zeit in Anspruch nehmen.

Wenn du früher deinen Tag planen oder dich informieren wolltest, musstest du einen Zettel und einen Stift in die Hand nehmen oder das Radio einschalten. Mit dem Aufkommen des Smartphones wurden diese Aufgaben von speziellen Apps übernommen. Heute musst du nur noch Sprechen.

Podcasts füllen unser Gehirn mit wertvollen Infos, während wir still sind, beispielsweise beim Autofahren oder auf Reisen. Sprachgesteuerte Plattformen hingegen erlauben uns, bei sämtlichen Aktivitäten, die wir verrichten, Informationen zu bekommen, beispielsweise beim Abwaschen, Aufräumen oder beim Zähneputzen.

Laut Google fanden im Jahr 2016 bereits 20 Prozent aller Suchen in Apps und Android Geräten mündlich statt. Diese Anzahl wird stark steigen. Dies ist eine großartige Chance für dich. Stelle rechtzeitig sicher, dass deine Marke auch auf diesem Weg funktioniert.

Momentan gibt es zwei Schlüsselgeräte: Alexa von Amazon, die durch ein Gerät namens Echo spricht, sowie Google Assistant, das durch ein Google-Home-Gerät spricht. Auch Microsoft, Apple und Samsung arbeiten an Sprachassistenten.[76]

Du kannst zum Beispiel kleine Flash Briefings erstellen. Das sind kurze Berichte, die nur eine essentielle Information enthalten. Das können entweder Tipps und Tricks des Tages, motivierende Zitate oder die wichtigsten Tagesmeldungen sein.

Lass deine Kreativität spielen, und überlege dir, was Menschen fragen könnten. Vielleicht erstellst du Content zum Thema Kochen und erklärst deinen Zuhörern, welche Zutaten perfekt zueinanderpassen, oder du berätst Menschen bezüglich ihrer Kaufentscheidung, beispielsweise, ob ein Cross Bike, Rennrad oder City Bike besser zu ihnen passt.

Mit der Entwicklung von Sprachassistenten wird der Höhepunkt unserer Sprechsucht erreicht. Die Welt dreht sich unheimlich schnell, und wir wollen um jeden Preis mithalten. Wenn du die Wahl hast, eine Benachrichtigung zu lesen, eine App zu checken oder die Information zu erhalten, indem du mündlich danach fragst – wofür wirst du dich entscheiden?

Sprachassistenten erlauben dir, die Hände frei zu haben und gleichzeitig andere Sachen zu erledigen. Du musst dich nur entscheiden, welchen Content du hören möchtest. Du kannst Sprachassistenten mit der Einführung der ersten Kaffeemaschinen und der Waschmaschine vergleichen: Die Erfindung spart uns Zeit. Da Zeit Mangelware ist, wird sich diese Technologie rasch verbreiten.

Deshalb sollte dein Content fertig sein, wenn es so weit ist. Zwar könntest du für Flash Briefings die Inhalte deiner bereits existierenden Beiträge kurz und knapp zusammenfassen, es lohnt sich jedoch, hochwertigen eigenständigen Content zu entwickeln.

Egal, für welche Sprachassistenten du Inhalte produzierst: Du kannst mit hochwertigem Content einen echten Mehrwert schaffen. Ergreife die Chance, die sich dir mit dieser innovativen Technologie bietet. Werde Teil der morgendlichen Routine deiner Kunden, bevor auch dieser Markt von Angeboten überschwemmt wird.

Teile die Informationen in leicht verständliche Informationscluster auf und stimme sie genau auf dein gewünschtes Publikum ab. Achte darauf, die höchstmögliche Qualität zu bieten und nicht einfach nur den Content deiner anderen Plattform zusammenzufassen. Beim Thema Sprachassistenten gilt es ganz besonders, mithilfe deiner Vorstellungskraft und Kreativität etwas Neues zu schaffen.

Dies ist besonders wichtig, weil es für deine Kunden noch nie einfacher war, dir nicht mehr zu folgen. Alles, was sie tun müssen, ist auszusprechen, dass sie deinem Kanal nicht mehr folgen möchten. Im

Vergleich dazu ist es beispielsweise bei Newslettern recht umständlich. Hier musst du erstmal nach dem Abmelde-Button suchen und dann die Abmeldung ein zweites Mal bestätigen.

Sei dir darüber bewusst, dass du bei Sprachassistenten äußerst schnell Zuhörer verlierst. Dieses neue Medium bietet keinen Raum für Fehler. Wenn dein Content inhaltlich und sprachlich nicht überzeugt, hast du keine Chance.

Eigne dir jetzt die Fähigkeiten an, die du für die Erstellung von Content für Sprachassistenten benötigst. Dein einminütiger Audio-File mit dem Tipp des Tages könnte eine Person beispielsweise auf deinen Podcast aufmerksam machen und ihn dazu bringen, in Zukunft diesem zu lauschen, anstelle des Radios.

Beschäftige dich ausgiebig damit, wie du für diese neue Technologie den besten Content erstellen kannst. Das Wichtigste ist, dass du kurze und prägnante Infos produzierst. Entweder, du überzeugst deine Zuhörer in Millisekunden, oder du hast deine Chance vertan.

Sprachassistenten werden unsere gesamte Kommunikation verändern. Du brauchst nur noch aussprechen, was du möchtest, und Alexa, Google oder andere Plattformen werden deinen Wunsch erfüllen. Die Technologie ist so neu, das Best-Practise-Beispiele erst noch entstehen müssen.

Überlege dir, was mit Sprachassistenten alles möglich ist. Ob du in der Küche stehst und das Rezept für einen Kuchen benötigst, oder ob du deinen Fahrradreifen flicken möchtest: Du kannst dir per Sprachbefehl eine Anleitung geben lassen, ohne irgendetwas in die Hand nehmen zu müssen. Es macht also großen Sinn, beispielsweise Schritt-für-Schritt Anleitungen für Sprachassistenten zu erstellen.

Momentan statten die meisten Menschen nur einen Raum mit dieser Technologie aus. In Zukunft kannst du wahrscheinlich nirgends mehr hingehen, ohne diese Möglichkeit nutzen zu können.

Nutze jetzt deine Chance. Momentan ist es mit relativ wenig Aufwand und Zeit möglich, mit Sprachassistenten erfolgreich zu werden, schlichtweg, weil es noch nicht viele Angebote gibt. In fünf Jahren wird jedoch jeder Flash Briefings nutzen, und dann ist es umso schwerer, aus der Masse hervorzustechen.

Fotografie und Bildbearbeitung

Die Zeit, in der du Bilder lediglich am Computer mithilfe von Bildbe-arbeitungsprogrammen wie Photoshop und Gimp bearbeiten konntest, ist lange vorbei. Mittlerweile werden unzählige Bilder via Smartpho-ne geschossen, weshalb es naheliegt, diese direkt dort zu bearbeiten. Du musst kein Profifotograf sein, um innerhalb weniger Minuten aus deinen Aufnahmen echte Hingucker zu entwickeln. Gerade als Grün-der mit wenig Kapital profitierst du von den neuen Möglichkeiten. Je-des Smartphone hat ein entsprechendes Programm vorinstalliert. Da-mit kannst du deine Fotos beispielsweise zuschneiden und gerade ausrichten. Aber auch Änderungen bezüglich Helligkeit, Kontrast und Sättigung sind möglich. Darüber hinaus bieten diese Programme ver-schiedene Filter. Weitere Apps für die Bildbearbeitung findest du im App-Store oder bei Google Play. Eine gute Smartphone-Kamera und eine Bildbearbeitungssoftware können ausreichend sein, um gute Er-gebnisse zu erzielen. Fotografie kann großen Spaß machen, trau dich ruhig, damit zu experimentieren und zu spielen. Ich empfehle dir, ei-nen einheitlichen Bild-Look zu wählen, um den Wiedererkennungs-wert deiner Marke zu steigern.

Kostenlose Apps für die Fotobearbeitung

Prisma

Diese App hat sich auf Filter spezialisiert, allerdings keine beliebigen Filter, wie du sie vielleicht von Snapchat oder Instagram kennst. In den mehr als 30 Varianten wirst auch du deinen neuen Lieblingsfilter fin-den. Wähle nach Wunsch ein bereits vorhandenes Foto aus oder erstel-le spontan ein neues. Schon kann es losgehen. Fotos lassen sich unter anderem im Stil berühmter Künstler verändern. Auch die Intensität der Farben lässt sich ganz einfach mithilfe eines Reglers erhöhen oder ver-ringern. Im Anschluss kannst du das Bild speichern oder via Social-Me-dia-Plattformen teilen. Videos kannst du in der IOS-App bearbeiten.

Retrica

Retrica ist ebenfalls eine Filter-App, die wachsende Bekanntheit genießt. Dir stehen über 80 Filter zur Auswahl, die denen von Instagram ähneln. Wenn du magst, kannst du beispielsweise Unschärfe oder Vignetten zu deinen Bildern fügen. Als Besonderheit werden mehrere Foto-Modi geboten, die sogar runde Bilder ermöglichen. Praktisch ist auch der Selbstauslöser oder die Collagen-Funktion, mit der du beispielsweise deine besten Produktfotos originell zusammenstellen kannst. Im Anschluss lassen sich deine fertig bearbeiteten Bilder ganz einfach via Social Media teilen. Die Basisversion von Retrica ist kostenlos. Wenn du weitere Filter und keine Werbung möchtest, kannst du ein kostenpflichtiges Update auf die Pro-Version vornehmen.

Kostenpflichtige Tools

Assembly

Noch nie war es einfacher, Vektorgrafiken zu entwickeln. Du kannst das faszinierende Tool einfach auf deinem Handy nutzen. Spielend einfach und in einem Bruchteil der ehemals erforderlichen Zeit kannst du Logos, Icons, Illustrationen und sogar ganze Comics auf deinem Handy gestalten. Bisher war dies ausschließlich auf dem Computer möglich. Von jetzt an kannst du bequem die Zeit unterwegs nutzen, um deine Vektorgrafiken zu erstellen.

Enlight

Enlight ist eine Profi-App. Sie enthält selbstverständlich die Basisfunktionen wie Helligkeit, Kontrast und Filter. Besonders praktisch sind die Gradationskurven, mit denen du wie in Photoshop die einzelnen Farbkanäle bearbeiten kannst. Wenn du lediglich in einem bestimmten Fotoausschnitt Korrekturen vornehmen willst, ist die Maskierfunktion nützlich. Zudem überzeugt die App mit ausgefallenen Schriften wie Kyrillisch oder Chinesisch. Sämtliche Funktionen sind einfach zu bedienen, und du kannst schnell und einfach Elemente zu deinem Bild hinzufügen.

Ein Logo erstellen

Wenn du dein Unternehmen gründest, benötigst du als erstes ein Logo. Allerdings wird dieses oftmals überbewertet. Wir haben in der Vergangenheit viel Geld verbrannt, weil in diesem frühen Stadium noch gar nicht feststeht, ob deine Idee überhaupt funktioniert. Aber auch wenn deine Firma erfolgreich wird, hast du immer noch die Chance, ein neues Logo entwickeln zu lassen. Spare dir die Zeit und die Mühe, am Anfang nach dem perfekten Logo zu streben. Wirf nur mal einen Blick auf die ersten Logos von eBay, PayPal oder Amazon. Auch diese waren alles andere als ansprechend. Wenn du ein Logo möchtest, ohne viel Geld investieren zu müssen, empfehle ich dir einen Besuch auf www.tailorbrands.com. Die Homepage basiert auf KI-Technologie und erstellt dir nach dem Beantworten einiger Fragen ein individuelles Logo zu einem günstigen Preis.

Spare dir Zeit und produziere Fotos im Vorfeld

Du wirst schnell feststellen, dass es oftmals eine Herausforderung ist, die passenden Fotos zu erstellen oder auszuwählen – insbesondere, wenn du auf deinem Blog regelmäßigen Content veröffentlichst. Du wirst feststellen, dass das Angebot von kostenlosen Bildportalen schnell ausgeschöpft ist. Es bietet sich an, dass du im Vorfeld eine Bilderserie in deinem eigenen Stil entwickelst, die du dann ohne großen Zeitaufwand bei Bedarf als Bildmaterial verwenden kannst. Dir fehlt eine zündende Idee? Eine einfache Variante wäre beispielsweise mit Snapseed von Google einen Filter mit einem dunklen oder farbigen Schleier zu legen. Nun kannst du mittig in einer schönen, weißen Schrift das Thema deines Blogartikels notieren. Du kannst mit Bildbearbeitung viel Zeit verlieren, indem du dich in den Details verlierst. Behalte im Hinterkopf, dass weniger oft mehr ist.

Es macht übrigens nichts, wenn du kein begnadeter Fotograf bist. Nutze Plattformen wie Pixabay, deren Fotos du sowohl privat als auch kommerziell ohne Einschränkung nutzen darfst. Du bist also auf der sicheren Seite, wenn du diese Fotos für deine Website oder deinen Blog nutzt. Ich nutze Pixabay sehr gerne, weil die relevanten Infos übersichtlich neben dem Foto stehen und du sofort siehst, ob du es benutzen darfst. Im Normalfall musst du nämlich die umfangreichen Urheberrechte beachten. Einige wenige Fotos auf der Plattform sind ebenfalls mit einem Urheberrechtshinweis versehen. Diese solltest du nicht gewerblich nutzen.

Eine große Auswahl an kostenpflichtigen Fotos findest du zum Beispiel bei Fotolia oder Shutterstock. Nur, weil du das Bild bezahlst, bist du jedoch nicht auf der sicheren Seite, was die Urheberrechte betrifft. Du kannst manchmal nur schwer erkennen, wie du die gekauften Fotos verwenden darfst oder ob du sie überhaupt verändern darfst. Die Lizenzbedingungen sind oftmals sehr kompliziert. Manche Bilder darfst du zwar auf deiner Website verwenden, nicht jedoch auf Social-Media-Plattformen. Wenn du dir unsicher bist, solltest du in jedem Fall bei der jeweiligen Plattform nachfragen.

Auf der sicheren Seite bist du mit Fotos, die du selbst geschossen hast. Durch die gute Kameraqualität und die zahlreichen, stark vereinfachten Bildbearbeitungsmöglichkeiten ist es mittlerweile bedeutend einfacher, gute Fotos zu kreieren. Wichtig ist, dass du auf deiner Website oder deinem Blog eine klare Linie verfolgst. Dies gelingt dir beispielsweise, indem du maximal drei harmonische Farben verwendest. Somit ist ein hoher Wiedererkennungswert gewährleistet. Dir fehlt noch die zündende Idee für dein Farbschema? Auf der Website https://coolors.co/ findest du bestimmt ein stimmiges Farbkonzept.

Wie du erfolgreichen Content schreibst

Es ist in der heutigen Welt sehr schwer, aus der Masse hervorzustechen und Aufmerksamkeit zu erzeugen. Vergiss deshalb nicht, genügend Zeit in die Entwicklung deiner Überschrift zu stecken. Der Titel ist das Erste, was deine Leser beim Blick auf deine Homepage sehen. Überschriften sind auch bei Google, Facebook und Twitter äußerst relevant. Bei einer E-Mail ist der Betreff deine Headline, während bei Twitter ein Standard-Tweet als Überschrift zu sehen ist.

Du kannst eine gute Überschrift mit einem Versprechen vergleichen, das du deinen Lesern gibst und im anschließenden Text erfüllst. Eine gelungene Headline zeichnet sich durch drei Dinge aus: Nützlichkeit, Dringlichkeit und Einzigartigkeit. Du legst damit das Thema fest, über das du schreiben möchtest. Sobald du eine Idee für einen potenziellen Artikel hast, solltest du dir die entsprechenden Stichworte und mögliche Überschriften in einer Liste notieren, beispielsweise mit Evernote.

Die hohe Kunst der Recherche

Nach diesem Brainstorming beginnst du mit der Recherche für deinen Artikel. Zum Glück gibt es heute unzählige Online-Quellen, und du musst nicht mehr in staubigen Archiven nach relevanten Infos stöbern. Wir können in wenigen Stunden mehr Wissen aufnehmen, als frühere Generationen in ihrem ganzen Leben erhalten haben. Diese Möglichkeit solltest du dir zunutze machen. Die Recherche hilft dir dabei, dich tiefer in das Thema einzuarbeiten, an alle Details zu denken und seriösen Content zu liefern. Wenn du Behauptungen aufstellst, solltest du diese stets begründen.

Doch wie recherchiert man eigentlich? Zunächst gibst du bei Google alle relevanten Suchbegriffe ein und schaust dir die Suchergebnisse der ersten Seiten an. Öffne alle Seiten, die dir relevant erscheinen, in einem neuen Tab. Nun beginnst du damit, die Infos zu überfliegen und die Tabs der unseriösen Quellen zu schließen. Nach und nach grenzt du das Thema besser ein und arbeitest dich Schritt für Schritt vor.

Probiere aus, ob es dir leichter fällt, beim Schreiben des Blogartikels mit den geöffneten Tabs der relevanten Quellen zu arbeiten, oder ob du dir stattdessen die wichtigsten Inhalte in ein separates Dokument kopierst. Vergiss dabei nicht, die entsprechenden Links mit einzufügen. Wenn du dich leicht ablenken lässt, könnte das Schreibprogramm Writemonkey dein bester Freund werden.

Lass deinen Gedanken freien Lauf

Schreibe nun ungefiltert alles auf, was dir zu dem Thema einfällt und was du bei deiner Recherche gelernt hast. Halte dich in diesem frühen Stadium weder mit der Struktur noch mit der Rechtschreibung auf. Wenn du bereits Ideen für die Einleitung, den Hauptteil, den Schluss oder die generelle Struktur hast, kannst du diese ebenfalls notieren. Schreibe so lange, bis dein Kopf komplett leer ist. Auch wenn diese Vorgehensweise auf den ersten Blick chaotisch erscheinen mag, kann sie dir dabei helfen, etwaige Schreib- oder Denkblockaden zu überwinden.

Erstelle eine sinnvolle Struktur

Nun hast du jede Menge Text vor dir, den du in eine sinnvolle Struktur bringen musst. Dies gelingt dir am besten mithilfe von Unterüberschriften. Wenn deine Überschrift eine Zahl aufweist, musst du diese aufsteigende Nummerierung natürlich auch in deinen Unterüberschriften verwenden. Du kannst auch Schritt-für-Schritt-Anleitungen geben oder Regeln aufstellen. Am Ende deines Blogartikels sollte immer ein kurzes Fazit stehen.

Sobald du eine grobe Struktur erstellt hast, beginnst du damit, die Lücken zu füllen. Dies ist für die meisten Menschen einfacher, als ein leeres Blatt vor sich zu haben, auf dem quasi aus dem Nichts ein hochwertiger Blogartikel entstehen soll. Auch in diesem Schritt kannst du einfach drauflos tippen und musst dich noch nicht um Rechtschreibung oder perfekte Ausformulierungen kümmern.

Bei Bedarf kannst du auf die Quellen deiner Recherche zurückgreifen und dich dort erneut inspirieren lassen. Wichtig ist jedoch, dass du fremde Inhalte nicht einfach kopierst, sondern zumindest umschreibst. Google ist nämlich sehr empfindlich, was Duplicate Content betrifft, und könnte deine Website empfindlich abstrafen, was dein Ranking betrifft. Während du deine Unterüberschriften mit sinnvollem Text füllst, kannst du an geeigneter Stelle bereits einen Platzhalter für Bilder, Grafiken, Videos etc. einfügen.

Nun geht es ans Feintuning deines Blogartikels

Für einen guten Blogartikel ist ein für deine Zielgruppe relevantes Thema sowie eine aufmerksamkeitsstarke Überschrift nötig. Zudem sollten die relevanten Keywords in ausreichender Anzahl enthalten sein. Wichtig ist auch eine sinnvolle Struktur deines Blogartikels. Achte darauf, dass die Absätze nicht zu lang sind und die Zwischenüberschriften zum darunter stehenden Text passen.

Sehr wichtig ist auch eine fehlerfreie Rechtschreibung und Grammatik. Wenn du dir bezüglich der Rechtschreibung nicht sicher bist, kannst du beispielsweise die Homepage https://rechtschreibpruefung24.de/ zur Hilfe nehmen. Für manche Menschen kann es zudem hilfreich sein, den Blogartikel laut vorzulesen, um besser zu erkennen, welche Passagen noch umformuliert werden müssen. Scheue dich nicht, unnötige Füllwörter rigoros zu streichen.

Je nach Zielgruppe kannst du einen Blogartikel mit einer Unterhaltung vergleichen. Stelle dir beim Schreiben vor, wie dein Stammkunde vor dir sitzt und du ihm eine Geschichte erzählst. Je nach Geschäftsmodell können aber auch fundierte Sachartikel nötig sein. Passe deine Sprache und Ausdrucksweise entsprechend an. Gelegentlich kannst du Fragen stellen, um deine Leser mit einzubeziehen. Achte auch auf den nötigen Unterhaltungswert, indem du persönliche Beispiele oder Geschichten integrierst.

Nach dem ersten Feinschliff solltest du dir eine Pause gönnen. Am nächsten Tag ist dein Blick auf den Artikel wieder neutral und dir fallen gewiss noch ein paar Optimierungen ein. Lies auf jeden Fall nochmal den ganzen Artikel durch und achte dabei penibel auf die richtige Rechtschreibung. Hast du am Ende des Artikels eine Handlungsaufforderung? Du kannst beispielsweise eine Frage stellen und deine Leser dazu auffordern, den Artikel zu kommentieren. Beim Bloggen geht es immer auch um Unterhaltung und Kommunikation.

Finde aussagekräftige Bilder

Worum geht es in deinem Blogartikel? Welche Bilder passen zum Text und spiegeln den Inhalt auf anschauliche Weise wider? Wenn du Aufnahmen von Websites einbauen möchtest, kannst du beispielsweise das Browser-Plugin Awesome Screenshot verwenden. Damit kannst du sowohl die komplette Seite als auch einen selbst markierten Bereich abfotografieren. Bei Bedarf kannst du grafische Elemente wie Pfeile, Kreise, Rechtecke und vieles mehr einfügen. Zwar könntest du das auch in Photoshop, aber mit diesem Tool geht es viel einfacher. Kostenfreie Bilder in guter Qualität findest du beispielsweise auf Pixabay. Vor der Nutzung musst du prüfen, ob ein Bildnachweis erforderlich ist. Wenn du ein talentierter Fotograf bist, kannst du natürlich auch deine eigenen Bilder nutzen.

Bereite deinen Blogartikel ansprechend auf

Füge an sinnvollen Stellen Absätze ein oder stelle Wörter fett oder kursiv. Sinnvoll ist, wenn ein Absatz eine Idee widerspiegelt. Ein luftiger Text ist wesentlich einfacher zu lesen, also sei ruhig großzügig mit deinen Absätzen. Da viele deiner Leser den Text nur kurz überfliegen werden, kannst du wichtige Passagen fett markieren. Zudem solltest du sowohl interne als auch externe Links einbauen.

Kapitel 9:
Was ist SEO, und wie kannst du es für dich einsetzen?

Wenn du einmal große Summen für Facebook & Co. bezahlt hast, weißt du, wie wertvoll kostenloser Traffic oder auch eine organische Reichweite ist. Gut platzierte Inhalte bringen dir wie von Geisterhand monatliche Besucher auf deine Website oder deine Social-Media-Kanäle. Die Anzahl der Seitenbesucher steigt ebenso wie deine Umsätze, deine Fans und die Interaktionen mit ihnen. Doch wie werden die Leute auf dich aufmerksam? Wie erfahren sie quasi von alleine, dass dein Unternehmen genau das richtige ist, um deren Probleme zu lösen?

Die Lösung klingt banal und ist doch so einfach: Du musst deinen potenziellen Kunden auf deiner Website oder deinen Kanälen eine Lösung anbieten. Diese ist im besten Fall kostenlos. Ist dein Content wirklich hilfreich und relevant, wirst du in ein bis zwei Jahren eine passable Fanbase aufgebaut haben. Nun musst du weiter dran bleiben und deine Inhalte kontinuierlich optimieren und verbessern.

In dem folgenden Kapitel geht es darum, deine Website so zu optimieren, dass sie bestmöglich für Suchmaschinen auffindbar ist. Wir haben in der Vergangenheit die Erfahrung gemacht, dass sich gerade bei detaillierten Website-Einstellungsthemen zu viel zu schnell ändert, als dass es in das Medium Buch gut hineinpasst. Wir haben dafür auf Udemy unter unserem Brand »einfachstartup« einen eigens entwickelten Onlinekurs geschaffen, der dich Schritt für Schritt durch die Einstellungen begleitet. Dieser Kurs wird ständig aktualisiert. Solltest du noch keine Website haben, kannst du dir das Kapitel trotzdem durchlesen. Du wirst schnell dazulernen.

SEO ist die Abkürzung von »Search Engine Optimization« und bedeutet Suchmaschinenoptimierung. Darunter sind alle Maßnahmen zu
verstehen, die dazu beitragen, dass deine Website besser von Suchmaschinen wie Google gefunden wird. Indem du auf deiner Website bestimmte Keywords verwendest, kannst du dazu beitragen, dass sie innerhalb der Suchergebnisliste besser gerankt wird. Das Ziel von SEO ist es,
dass deine Website möglichst weit oben gelistet wird.

Was dein Ranking mit der Anzahl deiner Besucher zu tun hat

Wie werden die Besucher auf dich aufmerksam? In der Regel geben sie
eine Suchanfrage bei einer Suchmaschine ein. Deshalb lohnt es sich,
Aufwand in SEO zu investieren. Eine Studie aus dem Jahr 2013 besagt,
dass der erste Google-Treffer knapp 33 Prozent des Traffics abbekommt,
während der zweite Treffer noch knapp 18 Prozent der Besucher an-
zieht.[77] Auf das dritte Ergebnis klickt nur noch jeder zehnte Nutzer. Inzwischen konkurrieren organische, also nicht bezahlte Suchergebnisse,
mit den erweiterten Suchergebnissen. Hierzu zählen Featured Snippets.
Behalte bei sämtlichen SEO-Maßnahmen die Besucher deiner Website
im Blick. Als grundsätzliche SEO-Regel gilt, dass du deine Seite nicht
für Suchmaschinen optimierst, sondern für echte Menschen attraktiv ge-
staltest. Hierzu gibt es ein passendes Statement von Google:

> »Bei der Suchmaschinenoptimierung geht es darum, die Website
> von der besten Seite zu präsentieren, was die Sichtbarkeit in Such-
> maschinen anbelangt. Euer übergeordnetes Ziel ist es jedoch,
> Nutzer für eure Website zu gewinnen und sie nicht nur bestmög-
> lich für die Suchmaschinen auffindbar zu machen.«[78]

Hilfreich für die Suchmaschinenoptimierung können die Google Qua-
lity Rater Guidelines sein.[79] Zuletzt wurden diese im Juli 2017 aktualisiert. Die Seite ist eine Hilfe für Menschen, die sich damit beschäftigen,

manuell die Qualität der Suchergebnisse zu bewerten. Sie überprüfen dabei die gesamte Website darauf, ob sie in puncto Expertise, Vertrauenswürdigkeit und Integrität überzeugt.

Mit dem Hummingbird Update hat im Jahr 2013 die Semantik in die Suchergebnisse von Google Einzug gehalten. Darunter versteht man eine komplett neue Generation von Such-Algorithmen. Ziel ist es, die Suchen der User besser interpretieren zu können und weiterhin die Suchergebnis-Qualität zu verbessern. Mittlerweile hat sich Google erneut technologisch weiterentwickelt und nutzt nun in den Suchergebnissen Machine Learning. Vereinfacht gesagt wird dabei versucht, aus einer großen Datenmenge Regelmäßigkeiten herauszufiltern. Im Anschluss werden entsprechende Rückschlüsse gezogen. Beobachte, wer für deine Suchbegriffe an oberster Stelle steht. Du kannst darauf zurückschließen, dass diese Website die besten Suchergebnisse liefert. Orientiere dich an diesen Konkurrenten in Bezug auf die Optimierung deiner eigenen Homepage und versuche möglichst, diese zu übertreffen.

Neben einem guten Ranking bei den eigentlichen Suchanfragen solltest du auch bei Begriffen ranken, die Kunden vor oder nach dem Kauf suchen. Auch darüber kannst du Kunden gewinnen, die deine Dienstleistung oder dein Produkt kaufen. Expertise und Vertrauen kannst du auf zwei Arten generieren: Du kannst entweder besonders viele Nutzer herausragend bedienen oder auch einen Interessenten vor oder nach der eigentlichen Kaufentscheidung abholen.

Zusammengefasst benötigen deine Inhalte nach wie vor Keywords, nach denen Menschen im Web suchen. Diese müssen heute aber nicht mehr so starr sein. Du kannst die Keywords mehr als Themen betrachten, zu denen du Inhalte erstellst.

Finde die passenden Keywords für dich

Vielleicht fragst du dich jetzt, wie du die passenden Keywords herausfinden kannst. Hierzu stehen dir zwei verschiedene Methoden zur Auswahl.

Methode: Brainstorming auf dem Papier

Was zeichnet dein Produkt oder deine Dienstleistung aus? Wieso ist sie für deine potenzielle Zielgruppe interessant? Überlege dir alle relevanten Themen, die mit deinem Business verbunden sind. Du kannst dieses Brainstorming auch mit deinen Mitgründern oder Freunden machen.

Es lohnt sich, wenn du dafür eines der Mindmap-Tools nutzt, beispielsweise Coogle. Es gibt weitere Tools, mit denen du dein Brainstorming nach und nach ausweiten kannst. Wenn du »Google Suggest« googlest, solltest du einen Blick auf die verwandten Suchanfragen werfen. Inspiration bieten auch die Begriffe in den Snippets. Google Suggest ist eine Erweiterung von Google zur Vorschlagssuche. Während du ein Suchwort eintippst, erscheinen andere beliebte Stichwörter mit einer Auflistung der geschätzten Trefferzahl. Input bekommst du auch über die Bilder- und Videosuche.

Anbei noch ein paar Tools, die dir bei der Keyword-Suche helfen können:

Kostenlos:
➤ Mithilfe des Keyword Planners von Google Ads
➤ Ubersuggest

Kostenpflichtig:
➤ Sistrix
➤ Searchmetrics
➤ Seolytics
➤ SECockpit

2. Methode: Lerne von deiner Konkurrenz

Du wirst in den seltensten Fällen ein konkurrenzloses Produkt oder eine konkurrenzlose Dienstleistung anbieten. Nutze diesen Umstand für dich, und orientiere dich an den bereits bestehenden Seiten. Wie sieht die Homepage der Konkurrenz aus? Welche Texte verwenden sie? Natürlich sollst du nichts einfach kopieren und blind auf deiner Website einfügen. Duplicate Content gilt es in jedem Fall zu vermeiden. Erfahrungsgemäß entsteht aber ohnehin etwas komplett Eigenständiges, auch wenn du den Content der Konkurrenz als Inspirationsgrundlage nimmst.

Warum sich Content Marketing langfristig auszahlt

Überprüfe deine Seite immer wieder dahingehend, ob sie Mehrwert bietet. Vielleicht hast du im Zusammenhang mit Content schon mal den Begriff Content Marketing gehört. Was ist das? Das Ziel des Content Marketings ist, neue Zielgruppen zu erschließen. Dies gelingt durch die Bereitstellung von hochwertigem und relevantem Content. Entscheidend ist dabei, dass deine Inhalte für die jeweilige Zielgruppe von Nutzen sind und Mehrwert bieten. Je nach Produkt oder Dienstleistung, das oder die du anbietest, können deine Inhalte emotional, informativ, beratend oder unterhaltsam sein.

Du benötigst eine Content-Strategie. Diese hilft dir dabei, deine Marketing-Maßnahmen zu koordinieren, beispielsweise das Erstellen von Bildern, Videos, Podcasts und vielem mehr. Sie bildet die Grundlage für sämtliche Maßnahmen innerhalb des Marketingprozesses.

Content Marketing ist übrigens nicht zwingend Werbung. Du willst damit deiner Zielgruppe nützliche Inhalte anbieten, die zur Interaktion und somit Kundenbindung anregen. Werbung hat hingegen das Ziel, den Kunden zum Kauf zu animieren. Auf kurze Sicht gesehen willst du mit Content Marketing beispielsweise deine Website bekannter machen, mehr Reichweite erzielen oder auch mehr Interaktion mit den Kunden erzeugen. Langfristig sollte das Content Marketing zur Markenbekanntheit, Themenführerschaft und auch zum Aufbau der Community führen.

Wenn du Content Marketing betreibst, kannst du Push oder Pull Marketing durchführen. Beim Push Marketing lieferst du die Inhalte über Bezahlmaßnahmen an deine User. Ein Beispiel hierfür sind Sponsored Posts, beispielsweise wenn Unternehmen Anzeigen auf anderen Websites schalten. Beim Pull Marketing präsentierst du Inhalte auf deinen eigenen Kanälen, beispielsweise auf deinem YouTube-Kanal oder deiner Website. Du kannst deinen Content auch unbezahlt auf fremden Kanälen veröffentlichen.

Ein weiterer Vorteil des Content Marketings ist, dass es eine authentische Art ist, die Marke, das Team oder das Unternehmen zu präsentieren. Wenn du seit drei Jahren gute Inhalte produzierst, hast du einen gewissen Vorteil gegenüber Unternehmen, die ganz neu am Markt sind. Das kontinuierliche Verfassen von guten Texten und die Verbreitung in den sozialen Medien benötigen Zeit. Du wirst deine Zielgruppe immer genauer kennenlernen und feststellen, welche Inhalte besonders gut ankommen und welche nicht. Diesbezüglich kannst du deine Content-Strategie stetig anpassen.

Selbst wenn es irgendwann keine Suchmaschinen mehr geben sollte, wird dein Unternehmen durch guten Content dauerhaft gestärkt. Du kannst die geschaffenen Inhalte vielseitig verwenden, beispielsweise für deine Social-Media-Kanäle, und von den Synergie-Effekten profitieren.

Snippets

Unter einem Snippet ist ein kurzer Teasertext zu verstehen, der Suchergebnisse bei Suchmaschinen beschreibt. Er besteht aus einer großen Überschrift, einem Teasertext und der URL der angezeigten Seite und wird bei der Ergebnisliste einer Suchmaschine angezeigt. Somit kann der User schnell entscheiden, ob das Angebot für ihn interessant ist. Wenn du die Snippet-Texte und die Inhalte optimierst, kannst du eine höhere Klickrate erzielen. In der Regel ist der Text zwei Zeilen lang und beschreibt kurz und knapp den Inhalt der jeweiligen Seite. Vermeide Wiederholungen und umständliche Formulierungen. Laut aktuellem Stand (Mai 2018) sollte ein Title maximal 65 Zeichen lang sein. Die Description sollte sich zwischen 100 und 145 Zeichen bewegen.[80] Unter Rich Snippets versteht man eine erweiterte Form von Snippets. Hier sind zusätzliche Elemente wie Abbildungen, Preisangaben, Bewertungssterne oder Verlinkungen enthalten.

Mobiloptimierte Seite

Es ist wichtig, dass deine Website auch mobil optimal dargestellt wird. Google hat 2015 die »Mobilfreundlichkeit« zu einem Ranking-Faktor auserkoren. Websites, die nicht mobil optimiert sind, mussten zum Teil deutliche Ranking-Verluste hinnehmen. Zudem zieht Google nur noch mobile Inhalte als Grundlage für die Indexierung heran. Ein Großteil der Nutzer ist mittlerweile fast nur noch mit dem Smartphone im Netz unterwegs und tätigt auch Bestellungen komplett mobil. Du musst bei der mobilen Optimierung nicht nur darauf achten, dass die Internetverbindung unter Umständen wesentlich langsamer und das Display kleiner ist, sondern auch, dass der User per Touchscreen navigiert.

Kein Duplicate Content

Warum darfst du auf deiner Homepage und deinem Blog nicht einfach Content verwenden, der exakt in dieser Form schon woanders zu finden ist? Google möchte die relevantesten Websites als Ergebnis anzeigen. Zudem müsste Google sehr viel Geld in Hardwareleistung investieren, um 50 Versionen der gleichen Seite zu crawlen (durchsuchen und analysieren). Wenn Google zu viel Duplicate Content auf einer Domain findet, wird deine Website abgestraft und im Ranking zurückgesetzt. Achte also darauf, dass auf deiner Homepage nur einzigartige Inhalte zu finden sind.

Warum es heute keinen Neulingsbonus mehr gibt

Als Google damals gestartet ist, wurden neue Domains mit dem sogenannten »Neulingsbonus« belohnt. Zu Testzwecken vonseiten Googles rankten neue Websites meistens automatisch sehr gut. Leider ist dies heute nicht mehr der Fall. Zugleich war aber auch die Theorie im

Umlauf, dass es für neue Seiten nahezu unmöglich war, gut zu ranken. Das grundsätzliche Misstrauen gegenüber Neuem hatte den Namen »Sandbox-Effekt«. Manchmal genossen neue Domains auch zuerst die Vorteile des »Neulingsbonus« und fielen dann ab in den »Sandbox-Effekt«. Erst nach einigen Monaten konnten normale Rankings erzielt werden. Für heutige Suchmaschinen macht dies aufgrund der hohen Geschwindigkeit im Netz keinen Sinn mehr. Auch ganz neue Websites benötigen schnell gute Rankings. Künstliche Sperren vonseiten der Suchmaschine würden dazu führen, dass viele Trends verpasst werden würden.

Wie schaffst du es also, bei Google ganz oben zu stehen?

Der Schlüssel zu einem guten Ranking ist, besser als die anderen Seiten in deinem Umfeld zu sein. Dabei zählen nicht nur die Optik und der Inhalt, sondern auch die SEO-Optimierung im Back-End (Unterbau) deiner Seite. Natürlich gehört dazu auch, dass Google dies bemerkt.

Vor einigen Jahren hat Google ältere Domains gegenüber neuen bevorzugt. Für neue Websites war es relativ schwer, die seit Jahren etablierten Platzhirsche von ihrem guten Ranking zu vertreiben. Google vertraute älteren Websites einfach mehr als jüngeren. Zwar gibt es das noch heute, allerdings ist der Zeitraum dynamischer geworden. Wenn die Qualität von älteren, etablierten Domains sinkt, wird der Algorithmus von Google rasch greifen. Du kannst also inzwischen auch mit einer neuen Domain in kürzerer Zeit ein gutes Ranking erzielen, wenn du alles richtig machst. Dennoch solltest du nicht den Mut verlieren, wenn es etwas dauert, bis deine Seite rankt. Vergiss nicht, dass ein Algorithmus dahinter steckt, der prüft, wie oft deine Domain positive Signale aussendet. Während es früher hauptsächlich Links waren, sind seit 2012 eine ganze Reihe weiterer Faktoren dazugekommen.

Was macht deine Website vertrauenswürdig?

➤ Erwähnung oder Verlinkung auf vertrauensvollen Websites
➤ Kontinuierliche neue Links
➤ Deine Website beschäftigt sich mit einem Fokusthema, zu dem täglich neue Infos erscheinen
➤ Verwendung von vertrauensbildenden Elementen wie Badges und Siegel wie Trusted Shops
➤ Ausgehende Links, die auf vertrauenswürdige Seiten verlinken
➤ Autorinformationen und Bilder

Das erklärte Ziel von Google ist es, gute Ergebnisse zu liefern. Deshalb kann sowohl eine gut aufbereitete Seite einer unbekannten Marke gut ranken, als auch die einer bekannten Marke, die keinen guten Webauftritt hat. Ein Beispiel hierfür sind die Seiten von klassischen Offline-Unternehmen wie Saturn oder Media Markt, die nicht unbedingt mit bestem Nutzerverhalten überzeugen, aber dennoch weit oben gelistet werden.

Als grobe Richtlinie kannst du davon ausgehen, dass es ein bis zwei Jahre dauert, bis deine Seite SEO-technisch gut rankt. Unser Blog www.einfach-startup.de hat circa ein Jahr gebraucht, bis wir mit einem der Blogartikel das erste Suchergebnis besetzen konnten. Wenn du allerdings sowohl in puncto Marketing, SEO als auch Content alles richtig machst, kann dir das auch früher gelingen.

Wie das Netz funktioniert – am Beispiel von Bitcoin

Google musste als Suchmaschine innerhalb kürzester Zeit herausfinden, welche Websites zu dem Thema Bitcoins vertrauenswürdige Infos liefern und welche nicht. Während in den ersten Tagen des Hypes noch die großen Zeitungen unter den ersten zehn Ergebnissen zu finden waren, rückten schnell kleine Nischenseiten nach, die sich als Experten zu diesem Thema positionieren konnten. Wie wird ein solches Vertrauen generiert? Insbesondere durch Nutzersignale, Browserdaten und auch dem Platzierungsalgorithmus, der prüft, wie die Website aktuell die aufkommenden Suchanfragen für ein bestimmtes Thema bedienen kann.

Darüber hinaus ist die Struktur deiner Website wichtig. Die Nutzer müssen sich darauf intuitiv zurechtfinden. Dazu zählt unter anderem eine sinnvolle innere Verlinkung sowie eine gute Navigierbarkeit. Die Verbesserung deiner eigenen Website reguliert also nicht nur, wie verständlich deine Website für die Crawler der Suchmaschinen ist, sondern auch, wie gut sich ein Besucher auf deiner Website zurechtfindet.

Was du über User-Signale wissen musst

Bei Google übernehmen zunehmend Maschinen die Kontrolle. Künstliche Intelligenz und Machine Learning entscheiden darüber, ob eine Website gut rankt. Systeme wie Googles RankBrain, die in Echtzeit operieren, verstehen die Absichten von Usern immer besser und können ihm somit relevante Inhalte liefern. Welche User-Signale sind hierbei von Bedeutung? Früher konnten allgemein gültige SEO-Tipps gegeben werden. In Zukunft werden die Empfehlungen spezifischer auf die jeweilige Branche abgestimmt sein. Entscheidend ist, was der Nutzer sucht und was ihm hilft. Folgende Parameter solltest du dabei im Auge behalten:

Bounce-Rate

Die Bounce-Rate verrät dir die Anzahl der Nutzer, die deine Seite wieder verlassen, ohne auf einer anderen Unterseite weiter surfen oder anderweitig in Aktion zu treten. Eine klassische Conversion ist beispielsweise ein Kauf, ein Download oder eine Anmeldung für den Newsletter. Hohe Abbruchraten deuten daraufhin, dass User auf deiner Website nicht finden, was sie suchen. Es kann aber auch sein, dass sie die Inhalte schlichtweg nicht überzeugen. Es könnte aber auch sein, dass du die Suchanfrage bereits auf der ersten Seite zufriedenstellend beantworten konntest. Werte am besten mehrere Kennzahlen zusammen aus, anstatt User-Signale isoliert zu deuten.

Time-on-Site

Wie der Name schon sagt, ist das die Dauer, die ein Nutzer auf deiner Seite verweilt. Allerdings bedeutet eine hohe Time-on-Site nicht automatisch, dass deine Inhalte relevant sind. Es können auch Websites deutlich besser ranken, die nur sehr kurz besucht sind. Manchmal genügt den Usern ein kurzer Blick auf die Homepage, beispielsweise, um die Höhe der Münchner Marienkirche herauszufinden. Auch bei der Suche nach Rezepten können schon wenige Stichworte die gewünschten Informationen liefern. Es kommt alleine darauf an, wie viel Mehrwert deine Homepage dem Nutzer bietet.

Back-to-SERP

Dieses User Signal erfasst, wann der Nutzer deiner Website wieder zu den Suchergebnissen zurückkehrt. Gemeinsam mit der Time-on-Site kann Google daraus wichtige Erkenntnisse ableiten, wie relevant die Seite für einen Suchbegriff ist. Warum? Wenn ein User lediglich kurz auf deiner Website ist und dann erneut zu Google geht, um eine andere Seite auszuwählen, hat er höchstwahrscheinlich nicht die richtige Antwort bei dir gefunden.

Wenn du Änderungen auf deiner Website vornimmst, können sich diese recht schnell positiv auf dein Ranking bei Google & Co. auswirken. Umgekehrt ist es hingegen, wenn du die Bedienbarkeit der Website optimierst. Dein Ranking geht schleichend bergauf oder bergab? Oftmals hat die Zufriedenheit deiner User etwas damit zu tun. Es wird vermutet, dass Google den Durchschnitt der letzten Monate sammelt und das Ranking entsprechend verbessert, je besser dieser ist.

Mögliche Änderungen, die sich langfristig positiv auf dein Ranking auswirken können, sind beispielsweise Umgestaltungen am Design der Website, insbesondere in dem Bereich, der für deine User auf den ersten Blick sichtbar ist, ohne dass sie scrollen müssen. Aber auch Änderungen an der Seitenstruktur, dem Hauptmenü oder an bestimmten Themengebieten der Website können sich auf dein Ranking auswirken, ebenso wie eine neue Corporate Identity, ein neues Logo oder ein neuer Domainname.

Bei SEO geht es letzten Endes darum, bei Google Vertrauen zu gewinnen. Je öfter deine Homepage positiv auffällt, desto schneller gewinnt sie das Vertrauen der Suchmaschine und klettert entsprechend auf der Suchergebnisliste nach oben.

Erfolgreiche SEO-Backlink-Strategien für die Zukunft

Unter dem Begriff Linkbuilding oder auch Linkaufbau versteht man den Prozess zur Gewinnung von externen Links, sogenannten Backlinks. Durch das Linkbuilding soll eine absichtliche Erhöhung der Anzahl von qualitativen Backlinks stattfinden, die auf deine eigene Website verweisen.

Backlinks stellen einen Verweis von einer Website auf eine andere dar und werden von Suchmaschinen wie eine Empfehlung betrachtet. Wenn nun die eine Website die andere Website bewertet, hilft dies der Suchmaschine, die Relevanz der Website zu einem bestimmten Themengebiet zu bewerten. Allerdings sind gute, redaktionelle Links sehr teuer. Es ist nicht unüblich, mehrere tausend Euro dafür zu bezahlen. Damit deine Website gut rankt, benötigst du jedoch sehr viele dieser Links. Ein weiteres Problem ist, dass eine Abstrafung durch das Search-Quality-Team der Suchmaschine droht, wenn du beim Kauf eines Links erwischt wirst. Solange du also nicht derjenige bist, der die Links verkauft, wirst du im Normalfall damit Geld verlieren. Zudem besteht die Gefahr, dass Linkbuilding durch eine kleine Änderung der Google-Richtlinien rückwirkend als schädlich definiert wird. In diesem Fall hättest du das ganze Geld umsonst investiert.

Bevor du dich also damit beschäftigst, wie du Backlinks generieren kannst, solltest du jede Menge qualitativ hochwertigen Content erstellen, beispielsweise kostenlose Blogartikel, die deinen Lesern echten Mehrwert bieten und die wiederum andere Seiteninhaber dazu bringen, einen Link zu deiner Seite zu erstellen. Gib den Menschen einen Grund, warum sie von einem Link zu deiner Homepage profitieren können. Suchmaschinen können inzwischen die Qualität und Einzigartigkeit der Inhalte bewerten. Reine Quantität ist also nicht mehr ausreichend.

Wenn dein hochwertiger Content steht und du Backlinks auf angesehenen Seiten platzieren kannst, zeigst du der Suchmaschine damit, dass deine Inhalte Mehrwert besitzen und für die User interessant ist. Jetzt und in Zukunft braucht Google qualitativ hochwertige und forschungsbasierte Inhalte. Diese müssen immer für den Nutzer und nicht für die Suchmaschine geschrieben werden.

Gästeblogging

Eine der einfachsten Methoden, um qualitativ hochwertigen Traffic auf deine Website zu bringen, ist das Erlauben von Gastbeiträgen. Auch du selbst solltest auf erfolgreichen Nischenblogs, die zu deinem Kernthema passen, Gastartikel veröffentlichen. Prüfe vorher, wie viele Abonnenten und regelmäßige Leser der anvisierte Blog hat. Durch Gastblogging machst du auf einfache Art und Weise Werbung für deine Homepage. Voraussetzung hierfür ist natürlich wieder die Erstellung von hochwertigem Content, der einen Mehrwert für die Leser bietet.

User Experience

Darunter ist das Nutzungserlebnis zu verstehen, das du dem Besucher deiner Website bietest. User Experience (UX) wird immer wichtiger, weil Google zunehmend Künstliche Intelligenz für das Ranking verwenden wird. Wenn dein Shop nicht nur SEO-technisch optimiert ist, sondern auch für den User intuitiv funktioniert, ist das ein Vorteil für dich.

Bei der User Experience kannst du gut deine eigene Wahrnehmung zur Hilfe nehmen. Was nervt dich bei anderen Shops? Fehlen Infos zum Versand, oder ist die Darstellung der Produkte mangelhaft? Sorge dafür, dass dein Shop so benutzerfreundlich wie möglich ist, da eine mangelhafte User Experience dein Ranking negativ beeinflussen kann.

Künstliche Intelligenz

Dieses spannende Thema, dem wir uns bereits ausführlich im zweiten Kapitel gewidmet haben, schlägt sich auch im SEO-Bereich nieder. Inzwischen starten selbst kleinere Firmen mit Machine Learning. So auch Searchmetrics, die für das neu entwickelte Tool »Content Performance« selbstgebaute Machine-Learning-Technologie eingesetzt haben.[81] Mittlerweile beginnen auch die ersten CRM-Systeme mit Künstlicher Intelligenz. Es bleibt spannend, welch Neuigkeiten die großen Firmen wie Google, Facebook, Apple und Windows in Kürze vorstellen werden.

Vertikale Suchmaschinen

Eine horizontale Suche ist sehr allgemein gehalten und geht in die Breite. Ihre Aufgabe ist es, möglichst alle Inhalte zu finden, die in Zusammenhang mit der Sucheingabe stehen. Wenn du beispielsweise nach einem »Schloss« suchst, wird die Trefferliste sowohl die als Schlösser bezeichneten Bauwerke als auch Fahrradschlösser oder Vorhängeschlösser beinhalten. Die horizontale Suche will so viele Inhalte wie möglich finden. Dabei ist die Form egal.

Die vertikale Suche ist eine spezialisierte Suche. Du kannst nach speziellen Themengebieten suchen oder nur bestimmte Typen von Inhalten angezeigt bekommen, beispielsweise Bilder, Orte oder Videos. Dies ist zum Beispiel auf der Homepage von duden.de der Fall. Hier findest du ausschließlich Ergebnisse, die mit Rechtschreibung und Wortbedeutung zu tun haben. Vertikale Ergebnisse werden auch Rich-Media-Inhalte genannt, weil sie die organischen Ergebnisse unter anderem mit Medieninhalten anreichern. Je nach Branche und Thema deines Unternehmens ist es für dich wichtig, auch in der vertikalen Suche gefunden zu werden.

Du kannst hiermit größere Aufmerksamkeit erregen als mit den rein organischen Ergebnissen der Websuche. Du kommst nicht umhin, auch mit Bildern, Videos und ähnlichem zu ranken. Seit Googles Update Hummingbird bewegt sich die Suchmaschine in diese Richtung. Google kann allerdings nur in die Tiefe gehen, wenn es Bescheid weiß. Zeichne deine Inhalte von Anfang an mit strukturierten Daten auf. Es kann übrigens gut sein, dass die Suche irgendwann nicht mehr horizontal oder vertikal, sondern diagonal sein wird. Darunter versteht man eine Kombination aus einer horizontalen und vertikalen Suche.

Mythen in Bezug auf SEO

Nachfolgend erhältst du eine Übersicht, welche SEO-Tipps von früher heute **nicht mehr relevant** sind. In diesem Bereich ist es für dich unabdingbar, dich stetig weiterzubilden, da sich regelmäßig sehr viel ändert. Auch wenn du von einigen Begriffen noch nie etwas gehört hast, macht es durchaus Sinn, dir die Liste durchzulesen. Es kann gut sein, dass du in Zukunft etwas darüber liest oder irgendwo etwas aufschnappst:

➤ **Keywords in der Description**: Früher wurde empfohlen, das Keyword in der Description zu nennen, damit du ein besseres Ranking erzielst. Dies gilt heute nicht mehr.
➤ **Keyword-Linktexte für Backlinks verwenden**: Mithilfe von externen Links, die mit Keyword-Linktexten versehen waren, konnte früher das Ranking der Seite verbessert werden. Nun gilt lediglich, dass die Links von Seiten stammen sollen, die eine gewisse Themenrelevanz aufweisen und vertrauenswürdig sind. Vermeide

Keyword-Links, da diese mittlerweile sogar das Vertrauen von Google in deine Seite verschlechtern können.

➤ **Keyword-Linktexte für interne Links**: Hier verhält es sich komplett anders als bei den internen Links. Es ist gut und gewollt, wenn du interne Links mit aussagekräftigen Keyword-Linktexten verwendest.

➤ **Likes sind gut für das Ranking**: Vielleicht ist dir bereits aufgefallen, dass viele Seiten, die gut ranken, auch viele Likes haben. Allerdings kann Google Facebook nicht wie andere Seiten crawlen und kann lediglich die Markenbekanntheit und Trafficströme messen. Indirekt kann es dir also durchaus einen Ranking-Bonus geben, wenn du über eine hohe Social-Media-Präsenz verfügst.

➤ **Deine Klickrate beeinflusst nicht dein Ranking**: Hier ist eher das Gegenteil anzunehmen. Wenn viele Menschen in den Suchergebnissen auf deine Seite klicken, wird sich in der Regel dein Ranking verbessern.

➤ **PageRank als Rankingkriterium**: Viele Jahre war es so, dass der PageRank entscheidend war. Darunter ist ein Verfahren zu verstehen, das die Menge der verlinkten Dokumente mithilfe ihrer Struktur bewertet und gewichtet. Er dient zudem dazu, die Linkpopularität einer Seite bzw. eines Dokumentes festzulegen. Je höher der PageRank war, desto mehr Geld konntest du durch gute Rankings und Linkverkauf verdienen. 2016 wurde er jedoch endgültig abgeschaltet und kann somit nicht mehr als Rankingkriterium betrachtet werden.

➤ **Abstrafung von Seiten mit mangelhaften Inhalten**: Hier entsteht oft ein Missverständnis. Der sogenannte Penguin-Algorithmus bestraft nicht etwa schlechte Inhalte, sondern reagiert auf schlechte, eingehende Links mit einer Herabstufung des Rankings. Allerdings gibt es auch einen sogenannten Panda-Algorithmus, der sich nur mit der inhaltlichen Qualität deiner Homepage beschäftigt. Prüfe regelmäßig, ob du Inhalte löschen oder optimieren kannst.

➤ **Quantität der eingehenden Links**: Auch dies ist ein Relikt aus der Vergangenheit. Entscheidend ist allein die Qualität eines eingehenden Links, nicht mehr die Anzahl.

➤ **Alt-Attribute bei Bildern**: In der Regel wirst du damit nur sehr geringe Ranking-Erfolge erzielen können. Wichtiger ist, dass du diese regelmäßig an sinnvoller Stelle im Text verwendest.

➤ **Keyword optimierte Domain**: Früher konnte durch die Verwendung des Keywords in der Domain ein enormer Rankingvorteil erzielt werden. Heute ist der Vorteil sehr gering und kann den Markenaufbau manchmal sogar erschweren, weil Verwechslungen entstehen können.

➤ **Externe Links sind schlecht fürs Ranking**: Rein rechnerisch bleibt zwar weniger PageRank für die eigenen, internen Links übrig. Dennoch solltest du dich davon nicht beeinflussen lassen. Wenn du Links zu vertrauenswürdigen Quellen setzt, ist dies im Normalfall sogar positiv für dein Ranking.

Bestimmt interessiert dich, wie lange es dauert, bis sich deine SEO-Bemühungen auszahlen und du die ersten Erfolge in Form eines besseren Rankings deiner Homepage sehen kannst.

Bei einfachstartup.de mussten wir uns sechs Monate gedulden, bis wir mit dem Keyword »Geschäftsideen ohne Eigenkapital« auf Position eins bei Google waren. Das Suchvolumen beträgt monatlich etwa 600 einzelne Suchanfragen. Je mehr keywordoptimierten Content du auf deiner Homepage hast, desto besser. Es lohnt sich immer, Zeit in deine Inhalte und die Optimierung deines Contents zu investieren.

Auch bei YouTube und Amazon spielen Keywords eine entscheidende Rolle, da du in der Suchleiste eine textbasierte Suche eingeben musst. Bei YouTube hast du zu einigen Keywords sogar noch bessere Chancen, oben angezeigt zu werden. Die Keywords baust du am besten in den Titel und in die Beschreibung des Videos ein. Solltest du deine Blogartikel verfilmen oder YouTube-Videos in Blogartikel verwandeln, ist es sehr hilfreich, diese gegenseitig zu verlinken.

Wenn du an deiner bereits seit längerem bestehenden Website Veränderungen zugunsten SEO vornimmst, dauert es nicht mehr wie früher Monate, bis du Erfolge feststellen kannst. Wenn du viel Traffic auf deiner Seite hast und beispielsweise die Titles, Descriptions und anderes SEO technisch optimierst, kannst du schon nach wenigen Wochen Verbesserungen im Ranking feststellen.

Versuche, die Absichten deiner Nutzer so gut wie möglich zu verstehen. Überlege dir, welche Suchabsichten sie haben und wie diese formuliert werden können. Vergiss beim Gestalten der Inhalte auch nicht die Title und Meta-Description. Pro Unterseite solltest du einen eigenen Titel samt passender Description haben. Natürlich müssen der Seiteninhalt, der Titel und die Meta-Description aufeinander abgestimmt sein. Nutze darüber hinaus auch Rich-Snippets, also erweiterte Snippets. Das Wichtigste ist, dass du dich nicht verrückt machst. Wenn auf deiner Homepage dein Nutzer im Vordergrund steht, machst du schon viel richtig.

Kapitel 10:
Der Einsatz von Social-Media-Plattformen

Wenn du deine Kunden erreichen möchtest, ist es wichtig, dass du auf den richtigen Social-Media-Kanälen vertreten bist und diese auch richtig nutzt. Nachfolgend zeige ich dir, welche Plattformen es gibt und wofür du sie einsetzen kannst.

Facebook

Facebook ist und bleibt der Gigant bei den Social-Media-Plattformen und ist genau wie YouTube ideal geeignet, um die eigene Marke zu stärken. Vielleicht überrascht dich das, weil du die Plattform als veraltet empfindest. Wer von deinen Freunden lädt hier noch wirklich Bilder hoch? In der Realität ist es jedoch so, dass du eine Facebook-Seite haben musst, um deine persönliche Marke aufzubauen und anschließend zu monetarisieren. Du hast noch keine Facebook-Seite für dein Unternehmen? Dann wird es höchste Zeit!

Facebook hat über zwei Milliarden aktive Nutzer pro Monat, von denen mehr als die Hälfte die Plattform täglich nutzt.[82] Auch wenn du auf Snapchat, YouTube oder Instagram erfolgreich bist, solltest du eine ausgeklügelte Facebook-Strategie haben. Ansonsten schränkst du dein Potenzial und dein Wachstum enorm ein. Facebook gibt dir viel Flexibilität, was die Präsentation deiner Inhalte betrifft. Ob Text, Fotos, Videos oder Live-Videos: Auf Facebook kannst du dein Unternehmen im besten Licht präsentieren.

Auf YouTube beispielsweise funktionieren weder geschriebener Content noch Fotos. Du bist auf die Darstellungsform von Videos beschränkt. Bei Instagram geht es hauptsächlich um Fotos und Storys. Die Videos sind hier momentan noch auf maximal eine Minute beschränkt. Bei Snapchat ist überhaupt kein langer, geschriebener Content möglich, und bei Twitter sind deine Texte auf 280 Zeichen beschränkt.

Du genießt bei Facebook viel Freiheiten, was die Art und Weise betrifft, dich auszudrücken. Sogar Audiofiles und lange Videos sind möglich. Zudem ist Facebook, auch nach den Einschränkungen der Europäischen Datenschutz-Grundverordnung, das größte zielgruppengerechte Werbemedium, das es gibt.

Selbst wenn es nicht der Ort deiner Wahl ist, an dem du den Haupt-Content für deine persönliche Marke kreierst, ist es doch die Plattform, auf der alle Fäden zusammenlaufen, wenn es um deine Markenpersönlichkeit geht. Facebook ist nicht nur eine Plattform, auf der du Content produzieren kannst, sondern auch ein zwingend erforderlicher Verteilungskanal.

Facebook funktioniert mit Mund-zu-Mund-Propaganda. Es findet reger Austausch statt. Auf anderen Plattformen bist du entweder ein Überflieger oder ein Niemand. Dies ist bei Facebook anders. Wenn du guten Content produzierst, wird dieser Tag für Tag mal mehr, mal weniger geteilt werden. Mit jedem einzelnen Post, egal, wie klein dieser ist, lenkst du die Aufmerksamkeit auf deine Marke. Facebook ist insbesondere für Menschen, die noch keine Follower haben, der beste Ort, um die eigene Markenpersönlichkeit aufzubauen.

Facebook ermöglicht dir eine äußerst detaillierte Eingrenzung der Zielgruppe: So kannst du beispielsweise nach Arbeitgeber, Postleitzahl, aber auch nach den spezifischen Interessen filtern.

Dies ist gerade bei einem kleinen Werbebudget äußerst hilfreich. Später erfährst du mehr dazu.

Allerdings zieht Facebook die Preise für Werbung stark an. Facebook wird der größte Konkurrent von YouTube werden. Mark Zuckerberg nannte Videos in einem Atemzug mit dem Mobile Trend als die Themen der Zukunft.[83]

Vielleicht denkst du dir jetzt, dass du die Videos, die du für YouTube produzierst, auch einfach bei Facebook hochladen kannst. Davon würde ich dir allerdings abraten. Der Algorithmus zieht Videos, die nur für Facebook produziert wurden, denen vor, die einfach von anderen Plattformen hochgeladen wurden. Natürlich bedeutet das nicht, dass du niemals das gleiche Video auf Facebook und YouTube posten darfst, du solltest lediglich nicht die negativen Auswirkungen auf deine Markenpersönlichkeit unterschätzen, die dadurch entstehen könnten.

Steht unter dem Video ein guter Text? Schaffen es die ersten drei Sekunden, die Zuschauer in ihren Bann zu ziehen? Passt es zur Philosophie von Facebook und lädt es dazu ein, es mit Freunden und Familie zu teilen? Fordert es die Menschen auf, selbst aktiv zu werden? Videos sind noch relativ neu bei Facebook, ein Umstand, von dem du in jedem Fall profitieren kannst.

Wenn du derzeit guten Content auf Facebook online stellst, stehen die Chancen wesentlich höher, dass du mehr Menschen erreichst und Rückmeldungen erhältst, als es mittlerweile bei YouTube der Fall ist.

Auch hier solltest du wieder Kooperationen anstreben. In welchem Bereich auch immer du deine Markenpersönlichkeit aufbaust, suche auf Facebook nach Fan-Pages mit den meisten Followern und schreibe diese an. Überlege dir, was du am besten anbieten kannst, damit diese Menschen deinen Content auf ihrer Seite teilen oder auf andere Art und Weise mit dir zusammenarbeiten möchten.

Angenommen, du bist ein Triathlet und konntest einen viralen Hit landen, wie dir das Tragen einer Schutzausrüstung, zum Beispiel auf dem Fahrrad, das Leben gerettet hat. Schreibe jeden einzelnen Produzenten von Schutzausrüstung an und schlage vor, ein lustiges Video über den Sinn des Tragens dieser Ausrüstung zu machen. Wenn du Facebook dafür nutzt, um strategisch sinnvolle Kooperationen einzugehen, kannst du deine Reichweite in kurzer Zeit deutlich vergrößern.

Kommen wir nun zu Facebook-Live. Live-Videos ermöglichen es den Nutzern, in Echtzeit in eine ungeschönte, direkte Kommunikation zu gehen. Es ist ein sehr mächtiges Tool, aber auch äußerst anspruchsvoll in der Produktion. Warum, denkst du wohl, gibt es selbst im Fernsehen so wenige Live-Shows?

Es ist nicht einfach, die Zuhörer in deinen Bann zu ziehen und sie von ihren täglichen Aktivitäten abzuhalten. Das ist wesentlich anspruchsvoller, als wenn du es den Menschen erlaubst, deine Videos dann anzuschauen, wenn es ihnen passt. Aber die Spontanität kann dir auch einen riesigen Gefallen tun. Wenn es in deinem Live-Video einen speziellen Moment gibt, den du mit deinen Fans in Echtzeit teilen kannst, hinterlässt dies bleibenden Eindruck.

Bei einem Live-Video hast du keine Zeit, dir zu überlegen, was du sagst oder wie du am besten aussiehst. Stattdessen kann es deine ganze, ungefilterte Persönlichkeit einfangen. Und Menschen lieben nichts mehr als Authentizität.

Grundsätzlich ist der Einsatz von Live-Videos jedoch erst dann empfehlenswert, wenn du deine Videotechniken perfektioniert hast und genügend Erfolge nachweisen kannst. Warum ist es nicht empfehlenswert, bei null mit Live-Videos zu beginnen? Weil es sich ein bisschen anfühlt wie das erste Mal Radfahren ohne Stützräder.

Nichtsdestotrotz ermöglichen Facebook-Live-Videos natürlich auch das Einfangen dieser besonderen, magischen Momente, die niemand kommen sah und die riesigen Erfolg ermöglichen.

YouTube

Mit YouTube sind höchstwahrscheinlich mehr Menschen erfolgreich und reich geworden als mit jeder anderen Social-Media-Plattform. Wenn du eine Markenpersönlichkeit aufbauen möchtest, ist YouTube deine wichtigste Plattform, dicht gefolgt von Instagram. Dazu jedoch an anderer Stelle mehr.

Langfristig könnte YouTube sogar das Fernsehen ersetzen. Schon jetzt streamen immer mehr Menschen Inhalte von YouTube auf ihren Fernseher. Auch wenn du denkst, dass Videos nichts für dich sind, solltest du der Plattform eine Chance geben. Da sich YouTube nicht für das geschriebene Wort, Bilder oder AudioFiles eignet, solltest du aber auch auf anderen Social-Media-Kanälen aktiv sein.

Viele Menschen denken, dass sie nicht für Videos geeignet sind. Dabei musst du weder schön noch besonders sein, um auf YouTube Erfolg zu haben. Abgesehen von Make-Up-Tutorial-Vloggern, Fitness-Vloggern und ähnlichen Branchen, die sich primär über die Optik definieren, sind auf YouTube ganz normale Menschen aktiv.

Es gibt sogar Vlogger mit körperlichen Beeinträchtigungen, die sich nicht davon abhalten lassen, kreativen Content zu erstellen. Weder das Alter, noch die Kleidergröße spielen eine Rolle. Wichtig ist bei YouTube, dass du authentisch bist. Versuche also nicht, dich zu verstellen. Gib dir die nötige Zeit, um damit warm zu werden, dich selbst in Videos zu sehen und sprechen zu hören. Am Anfang kann dies ganz schön ungewohnt sein.

Du hast viele Interessen und weißt nicht, was dir am meisten liegt? Du bist dir auch nicht sicher, ob dein Charisma ausreicht, um die Aufmerksamkeit des YouTube-Publikums auf dich zu ziehen? Zücke dein Smartphone und beginne damit, deinen Tag zu filmen und täglich online zu stellen.

Erwarte gerade am Anfang keine Perfektion von dir selbst. Deine Videos werden sich automatisch mit der Zeit verbessern. Je mehr Erfahrung du sammelst, desto sicherer und authentischer wirst du in deinen Videos auftreten. Gib dir die Zeit, dich in deine Vlogger-Rolle einzufinden und dein Publikum besser kennenzulernen.

Du brauchst weder besondere Fähigkeiten, noch musst du ein Experte oder überhaupt erfolgreich sein. Alles, was du schaffen musst, ist den Weg, wie du ein Experte wirst, interessant zu machen. Allerdings ist auch das subjektiv, weshalb du niemals denken solltest, dass du als Person uninteressant bist oder die Dinge, die du gerne tust, sonst niemanden begeistern werden. Lass das lieber deine Zuschauer entscheiden. Beim Vloggen hat jeder Mensch die gleichen Chancen. Es ist die Plattform, auf der auch die Menschen erfolgreich werden können, von denen es niemals jemand gedacht hätte.

Du wirst immer Gründe finden, nicht mit etwas anzufangen. Starte noch heute mit deinem ersten YouTube-Video. Zwar macht dich YouTube nicht intelligenter und charismatischer, als du bist, aber wenn dich die Menschen mögen, bemerkt die Plattform das. Du benötigst lediglich Mut, um dich dem YouTube-Publikum zu präsentieren. Aus eigener Erfahrung empfehle ich dir, dass du dir zwei Jahre Zeit gibst und mit verschiedenen Ansätzen experimentierst. Mit unserem YouTube Channel einfachstartup haben wir drei Jahre gebraucht, um 4.000 Follower zu erreichen. Damit sind wir natürlich noch lange nicht am Ende.

Du siehst also, es kann ziemlich langwierig sein, eine Community zu schaffen. Wichtig ist, dass du hartnäckig bleibst und nicht aufgibst. Prüfe, welches Feedback du bekommst, und höre deinem Publikum zu. Oftmals kannst du gerade durch Kritiker deine Videos verbessern.

Ganz wichtig: Lass Perfektion nicht dein Feind sein. Zudem solltest du dich nicht vorschnell entmutigen lassen. Stelle dich darauf ein, dass du mehrere Videos online stellst, die entweder komplett ignoriert werden oder vernichtende Kommentare bekommen können. Lass dich davon auf keinen Fall entmutigen, sondern mache weiter. Wir haben ein ganzes Jahr lang kontinuierlich Videos hochgeladen, obwohl wir gerade mal 100 Abonnenten hatten.

Dir fehlt die Idee? Orientiere dich am Fernsehen. Was dort erfolgreich ausgestrahlt wurde, funktioniert auch auf YouTube. Auch wenn ich mich wiederhole: Wichtig ist nur, dass du anfängst. Zwar ist es mittlerweile schwerer, ein Publikum zu erreichen, als es das noch beim Start von YouTube im Jahr 2005 gewesen ist. (Seit 2007 kannst du damit Geld verdienen.) Damals waren noch mehr Zuschauer und weniger Content-Produzenten auf der Plattform unterwegs, weshalb letztere sich schneller hervortun konnten. Doch noch immer gilt: Auch du kannst mit YouTube erfolgreich werden, insbesondere, wenn du Talent hast, intelligent, witzig oder kreativ bist oder einfach hochwertigen und nützlichen Content online stellst.

Wie willst du herausfinden, ob du Potenzial hast, wenn du es nicht ausprobierst? Übrigens ist es nie zu spät, mit YouTube und anderen Social-Media-Kanälen zu beginnen. Du kannst auch noch als Rentner starten! Erinnere dich einfach an etwas, was du früher geliebt hast, aber mit den Jahren aus den Augen verloren hast.

Wie wäre es, wenn du mit Freunden folgende Wette abschließt: Ihr ernährt euch 30 Tage vegan und filmt euch gegenseitig dabei, wie ihr euer Ziel erreicht. Starte einen täglichen Vlog und teile den Menschen mit, was funktioniert hat und was nicht. Halte das Publikum auf dem Laufenden, wie es dir geht, was du isst und alles andere, was deine potenziellen Zuschauer interessieren könnte.

Du möchtest die Zeitspanne vergrößern, in der Menschen jedes einzelne Video von dir anschauen? Folgende Tipps können dir dabei helfen, deine Videos zu optimieren: Zunächst solltest du Wert auf den Videotitel legen. Überlege dir einen aussagekräftigen und prägnanten Titel, der den Inhalt deines Videos exakt auf den Punkt bringt. Er sollte zudem so kurz sein, dass deine Zuschauer auch auf dem Smartphone sehen können, worum es geht. Dein Videotitel sollte kurz, prägnant, emotional und im besten Fall keywordoptimiert sein.

Nun widmest du dich der Beschreibung des Videos. Du solltest die ersten beiden Zeilen der Beschreibung keywordoptimieren und in der Beschreibung ähnliche Videos oder Playlists verlinken. Wichtig ist auch ein Link, mit dem deine Zuschauer deinen Kanal abonnieren können. Verlinke deine anderen Social-Media-Accounts, und überprüfe, ob die Links funktionieren und getrackt werden können.

Wichtig ist zudem, dass du mindestens zehn Tags in deiner Beschreibung verwendet, sowohl one-word als auch Phrase Tags, also Tags, die aus einem oder mehreren Wörtern bestehen. Deine Tags sollten den Inhalt deines Videos exakt widerspiegeln und wertig sein, also ein hohes Suchaufkommen bei niedrigem Wettbewerb aufweisen. Du kannst diese mithilfe von Tools wie vidIQ, Google Ads Keyword Planner und keywordtool.io. herausfinden.

Wenn du möchtest, dass Menschen mehr Zeit auf deinem Kanal verbringen, kannst du die sogenannten YouTube-Cards für dich nutzen. Dies sind Einblendungen in deinen Videos, in denen deine Zuschauer direkt zu anderen relevanten Inhalten von dir gelangen.

Nicht zu unterschätzen ist das Thumbnail (das Vorschaubild, unter dem dein Video angezeigt wird). Es sollte optisch zum Inhalt deines Videos passen. Wenn dein Thumbnail Text enthält, sollte dieser auf allen Endgeräten komfortabel gelesen werden können. Überprüfe, ob der Text zum Videotitel passt.

Content zu erstellen, ist die eine Sache. Vergiss jedoch nicht, deinen Kanal auch regelmäßig zu optimieren. Dein Banner sollte stets auf dem aktuellen Stand sein und zeigen, worum es in deinem Kanal geht. Selbstverständlich sollte er auf verschiedenen Endgeräten funktionieren.

Wichtig ist auch die Beschreibung deines Kanals. Die ersten beiden Zeilen sollten keyword-optimiert sein. Prüfe, ob der erste Absatz einen guten Überblick zu deinem Kanal gibt. Füge unbedingt eine Upload-Historie ein, und überprüfe regelmäßig, ob alle Verlinkungen zu deinen anderen Social-Media-Accounts funktionieren.

Füge benutzerdefinierte Playlists samt den entsprechenden keyword-optimierten Beschreibungen ein. Die Playlists müssen auf der Landing-Page deines Kanals angezeigt werden. Von Vorteil ist darüber hinaus ein Kanal-Trailer, der ebenfalls auf deiner Landing-Page erscheinen sollte. Aus diesem soll in kurzer Zeit ersichtlich werden, worum es bei deinem Kanal geht und welchem Genre er zuzuordnen ist. Du kannst den Kanal-Trailer mit dem Elevator Pitch vergleichen. Es lohnt sich, wenn du dafür Zeit aufwendest. Dein Ziel sollte es sein, jemand Fremdes in kürzester Zeit von deinen Inhalten und deinen Absichten zu begeistern.

Instagram

Instagram hat neben YouTube die meisten Influencer hervorgebracht. Du kannst auf dieser Plattform selbst Content produzieren oder fremden Content liken. In punkto Skalierung und Einflussmöglichkeiten ist es definitiv die spannendste Social-Media-Plattform. Viele sagen, dass es mittlerweile schwerer geworden ist, auf Instagram Aufmerksamkeit zu erlangen, weil die Plattform überfüllt ist. Man könnte fast sagen, die Influencer haben überhandgenommen.

Mittlerweile gibt es sogar Studenten, die nach dem Studium erstmal für ein bis zwei Jahre versuchen, über Instagram erfolgreich zu werden, bevor sie sich einen klassischen Job suchen. Momentan sind die Möglichkeiten bei Instagram begrenzt, und im Vergleich dazu ist Facebook wesentlich flexibler, was die Inhalte betrifft. Es wird jedoch nicht mehr lange dauern, bis auch bei Instagram die zeitliche Begrenzung bei Videos entfällt.

Der Content kann bei Instagram genauso wie bei Twitter häppchenweise konsumiert werden. Die Struktur der Plattform ist jedoch nicht dafür geeignet, Unterhaltungen zu führen. Dafür kannst du andere Strategien für dich nutzen, beispielsweise Hashtags, Kooperationen, Verlinkungen und Werbeanzeigen.

Instagram ist insbesondere für talentierte Fotografen, Designer und Künstler eine ideale Plattform, um Aufmerksamkeit zu erzielen, insbesondere bei der Generation unter 35. Auf Facebook und Twitter ist dies deutlich schwieriger. Instagram wird aber auch für Ältere immer attraktiver.

Seit Instagram die Storys eingeführt hat, ist die Bedeutung der Plattform nochmals gestiegen. Aber warum lieben die Menschen Instagram? Weil es weniger polarisiert und nicht so politisch ist wie Facebook. Es ist einfach nur ein Ort, um die Tages-Highlights zu posten. Allerdings kann dieser Umstand auch schnell dazu führen, tagelang nichts zu posten, weil nichts besonders genug erscheint. In der Zwischenzeit wurde durch die Snapchat Stories unter Beweis gestellt, dass die Menschen es lieben, ungefilterte Momente des Tages online zu stellen, solange sie nicht befürchten müssen, dass diese für immer sichtbar sind.

Als Instagram die Snapchat Stories kopiert hat, wurde es zu einer Plattform, die den Nutzern komplette Freiheit gibt. Es können sowohl wunderschöne, mit Filter versehene Fotos hochgeladen werden, als auch natürlicher, unbearbeiteter Content. Dadurch, dass viele die Funktion bereits von Snapchat kannten und damit vertraut waren, temporären Content hochzuladen, konnte sich Instagram Stories rasch etablieren.

Dazu hat mit Sicherheit auch die prominente Platzierung über dem Feed beigetragen. Instagram Stories können schlichtweg nicht übersehen werden. In weniger als einem Jahr wurde es das beliebteste Feature einer der größten Plattformen der Welt. Es ist die perfekte Ergänzung, um zusätzlich zum gut gepflegten Feed spannenden Content hochzuladen. Ambitionierte Gründer und Influencer kommen nicht an Instagram vorbei.

Momentan können nur verifizierte Accounts unter ihren Posts Links einfügen. Instagram arbeitet daran, diese Funktion allen Usern zur Verfügung zu stellen. Damit werden sich dir völlig neue Möglichkeiten eröffnen, weil du den Menschen Zugang zu anderem Content von dir ermöglichen kannst: sei es zu deiner Webseite, deinem Blog oder sozialen

Netzwerken. Wer eine Markenpersönlichkeit aufbauen möchte, muss auf Instagram aktiv sein.

Was kannst du tun, um deinen Instagram-Account zu verbessern? Zunächst solltest du einen kritischen Blick auf den Inhalt deines Accounts werfen. Ist dieser ansprechend und relevant? Immerhin ist es dein Ziel, in Zukunft möglichst viele Menschen auf deinen Account aufmerksam zu machen. Wenn du geeignete Motive gefunden hast, suchst du dir die relevanten Keywords. Nun klickst du auf den ersten Hashtag, der erscheint.

Klicke jedes Bild an, das du mit diesem Hashtag siehst. Höchstwahrscheinlich gehören die obersten Ergebnisse zu den Accounts, denen über eine Million Menschen folgen. Finde nun jeden einzelnen Account und jede verlinkte Website heraus, um sicherzustellen, dass sie zu Menschen oder Firmen in deiner Branche gehören. Wenn dies nicht der Fall ist, solltest du dennoch herausfinden, ob sie deine Produkte oder deine Dienstleistung benötigen könnten. Nun schreibst du den recherchierten Menschen oder Firmen eine individualisierte Direktnachricht. Verwende auf keinen Fall Standardnachrichten. In der Nachricht erklärst du, wie du auf die Firma oder die Person aufmerksam geworden bist und warum du es wert bist, dass sie deiner Nachricht Aufmerksamkeit schenken. Mache deutlich, welchen Wert du anbieten kannst.

Du kannst deine Suche auch örtlich begrenzen. Gib einfach den Namen deiner Stadt oder deines Viertels ein und suche danach. Du kannst in der Liste der Top-Ergebnisse auch nach dem Ortssymbol suchen. Dort siehst du jeden, der in deiner unmittelbaren Umgebung etwas gepostet hat.

Pinterest

Pinterest ist eine Plattform, die sich auf Bilder spezialisiert hat. Du kannst nach beliebigen Themen suchen und die gewünschten Ergebnisse in individuellen Pinnwänden ablegen. Am besten erstellst du nach Themen sortierte Pinnwände mit aussagekräftiger Beschreibung. Dies vereinfacht das Einsortieren von Pins. Pins sind Bilder, die auf die Ursprungswebsite verlinkt sind. Wenn du beispielsweise deine Wohnung neu einrichtest und dir ein blaues Samtsofa wünschst, kannst du bei Pinterest gezielt danach suchen und dir Inspiration holen. In der Sprache von Pinterest bedeutet pinnen, dass du dir einen Inhalt merkst.

Als Nutzer kannst du von jeder beliebigen Website Fotos als Pins auf Pinterest hinzufügen. Andere Nutzer haben darauf Zugriff, sofern du keine private Pinnwand anlegst. Es steht dir offen, ob du geheime, geteilte oder öffentliche Pinnwände anlegst. Geheime Pinnwände sind nur für dich sichtbar, während du bei öffentlichen Pinnwänden anderen Nutzern ermöglichst, daran mitzuwirken. Du kannst deine Pinnwände auch mit anderen Menschen teilen.

Mit Pinterest sind visuelle Lesezeichen möglich. Wenn du auf den entsprechenden Pin klickst, wirst du automatisch auf die externe Website verlinkt. Wenn du Pins anlegst, wählst du das gewünschte Bild aus, um eine Art Vorschau zu erstellen. Im Grunde basiert der komplette Inhalt von Pinterest auf externen Websites.

Pinterest hat mittlerweile über 200 Millionen aktive Nutzer, Tendenz steigend. Obwohl das Unternehmen keine länderspezifischen Zahlen veröffentlicht, stammt die Hälfte der Nutzer aus den USA. 75 Prozent aller Neuanmeldungen sind Ländern außerhalb der USA zuzuordnen, was darauf hindeutet, dass Pinterest in anderen Ländern deutlich stärker wächst. Laut Statista nutzen in Deutschland ca. 2,6 Millionen Menschen Pinterest.[84]

Viele Menschen nutzen Pinterest primär passiv, um sich Ideen und Inspiration zu holen. Das bedeutet, dass im Gegensatz zur üblichen Selbstdarstellung und Kommunikation bei Pinterest tatsächlich die Inhalte im Vordergrund stehen. Du kannst als Unternehmer Pinterest nutzen, um deine Inhalte und Produkte potenziellen Kunden näherzubringen. Mit Pinterest hast du die Möglichkeit, beliebig viele virtuelle Pinnwände anzulegen und somit beim Surfen durchs Netz spannende Dinge festzuhalten und thematisch zu sortieren. Du kannst die Pins nach Schlagwörtern durchsuchen. Somit findest du immer wieder neue relevante Inhalte, die du dir abspeichern kannst.

Obwohl sich Pinterest und Instagram mit Bildern beschäftigen, sind die Plattformen völlig unterschiedlich. Bei Pinterest geht es darum, primär Inhalte aus dem Netz festzuhalten, während du bei Instagram eigene

Bilder postest. Wenn wir die Plattformen aus Marketingsicht betrachten, eignet sich Instagram primär für dein Branding, während Pinterest eine hervorragende Traffic-Quelle auf deine Website oder deine Social-Media-Kanäle sein kann.

Indem Pins gespeichert werden, können sie beliebig weiterverbreitet werden. Dazu werden die entsprechenden Bilder von der jeweiligen externen Website abgerufen. Du wählst einfach das gewünschte Motiv aus und speicherst dieses ab. Nun können es andere Nutzer ebenfalls in ihre Pinnwand speichern. Auch eigener verlinkter Content kann hochgeladen werden.

Du kannst Pins entweder neu anlegen oder dir einen Pin merken, den jemand anderes zu Pinterest hinzugefügt hat. Dies ist ein sogenannter Repin. Anhand der Anzahl der Repins siehst du, wie oft deine eigenen Pins gemerkt wurden. Du kannst aber auch neue Inhalte auf Pinterest hinzufügen, indem du in deinem Profil über das Plus-Symbol die Option »Von einer Website speichern« auswählst. Nachdem du den Link dort hineinkopiert hast, bekommst du eine Übersicht über alle Inhalte, die du auf Pinterest speichern kannst. Nun musst du nur noch das gewünschte Bild auswählen, nach Wunsch mit einer Beschreibung versehen und in deinem Board abspeichern.

Wenn du Pinterest auf deinem Smartphone nutzt, kopierst du einfach den gewünschten Link in die Zwischenablage. Die App fragt dich dann automatisch, ob du Fotos von diesem Link abspeichern möchtest. Du kannst auch YouTube-, Vimeo- oder TED-Videos über die URL abspeichern. Dies funktioniert genauso wie das Abspeichern von Fotos, nur dass du den Video-Link eingibst. Das rote Play-Symbol deutet auf ein Video hin, dass du direkt auf Pinterest abspielen kannst.

Du möchtest ein Video von einer Website abspeichern? Wähle den Teilen-Button für Pinterest aus, der in der Regel unter dem Video angezeigt wird. Du kannst auch Musik von SoundCloud auf Pinterest abspeichern. Nutze hierfür den Link zum Track oder wähle ihn über den Teilen-Button von Pinterest aus. Du siehst anhand des grauen Symbols unten links, dass du den Track auf Pinterest abspielen kannst.

Ich kann dir nur empfehlen, von deinem Content Pins zu erstellen. Pinterest ist eine ausgezeichnete Möglichkeit, um Traffic auf deine

Website zu bringen. Werde kreativ und nutze die Chance, deine Produkte oder Dienstleistungen in einem neuen Zusammenhang zu präsentieren. Du kannst beispielsweise die vielfältigen Verwendungsmöglichkeiten abbilden, Ideen mit deinen Produkten aufzeigen oder auch weiterführende Infos anbieten.

In den USA haben erste Studien aufgezeigt, dass Pinterest-Nutzer pro Einkauf mehr Geld beim Online-Shopping ausgeben als ein Nutzer von Facebook. Zudem wurde festgestellt, dass Pinterest einen Einfluss darauf hat, was die Menschen im realen Leben kaufen.[85] Wenn du Pinterest öffnest, werden dir auf dem Startfeed automatisch Pins gezeigt, die dir gefallen könnten. Es gibt bei Pinterest auch sogenannte RichPins, die mit zusätzlichen Informationen hinterlegt sind, beispielsweise App Pins, Produkt Pins oder Rezept Pins.

Twitter

Auf Twitter erfahren die Menschen, was momentan los ist. Der große Vorteil im Vergleich zu früher ist, dass nun nicht mehr eine gewisse Zeitspanne nach einem Event oder Ereignis verstreicht, bis man sich darüber mit anderen Menschen austauschen kann, sondern dass die Konversation 24 Stunden am Tag in Echtzeit geschieht.

Twitter ist noch immer das einzige soziale Netzwerk, bei dem es ausschließlich um Interaktion mit anderen geht. Menschen kommunizieren in Form von Tweets miteinander und tauschen sich über Ereignisse aus. Obwohl viele andere Plattformen ebenfalls als soziale Netzwerke gestartet sind, sind sie mittlerweile längst zu Content Management Systemen geworden. Dazu gehört beispielsweise WordPress, das auch ausführlich in Eriks Buch *Das Feierabend-Startup* beschrieben wird.

Zwar engagieren sich die Menschen auch auf Instagram, Facebook und Co., aber wesentlich weniger als bei Twitter. Auf Twitter ist es möglich, in jegliche Konversation zu sämtlichen Themen einzutauchen. Wenn du Twitter schlau einsetzt, werden immer mehr Menschen deinen Content weiterverbreiten. Allerdings hat gerade diese Möglichkeit der

Interaktion dazu geführt, dass sich Twitter mehr zu einer Unterhaltungsplattform als zu einer Konsumplattform entwickelt hat. Die Menschen sprechen über so vieles bei Twitter, dass allein die schiere Masse des vorhandenen Contents problematisch ist.

Bei Twitter geht schnell der Fokus verloren, da sich Menschen immer wieder gegenseitig unterbrechen, Themen wiederholen und abgelenkt werden von Dingen, die darüber hinaus im Raum passieren. Zwar ist der konstante Austausch in diesem hohen Volumen gut, um Ideen zu verbreiten, es ist dadurch aber auch deutlich schwieriger, auf Twitter als einflussreiche Persönlichkeit wahrgenommen zu werden.

Twitter ist insbesondere ein Platz, um zuzuhören, zu reagieren und bietet darüber hinaus viel Inspiration für Ideen. Allerdings sind die wenigsten Menschen gute Zuhörer. Dies macht es zu einer großen Herausforderung, wenn du mithilfe von Twitter deine persönliche Marke aufbauen möchtest. Um auf Twitter überhaupt Aufmerksamkeit erzielen zu können, musst du lernen, selbst gut zuzuhören. Nur dadurch kannst du herausfinden, welche Themen für die Menschen interessant sind und diese dafür nutzen, um deinen Einfluss zu erweitern. Auch hier lohnt sich die Parallele zu anderen Social-Media-Kanälen. Wie du weißt, ist es auf YouTube oder Instagram mittlerweile recht schwierig geworden, eine große Fanbase aufzubauen. Auch wenn du sehr guten Content produzierst, werden dich vermutlich viele Menschen nicht finden.

Nutze Twitter, um nach Diskussionen zu deinem Thema zu recherchieren und dich mit unterhaltsamen und fundierten Kommentaren in die Unterhaltung einzumischen. Wenn du dies regelmäßig tust, schaffst du es eventuell irgendwann, die Menschen auf deinen gewünschten Social-Media-Kanal zu locken. Allerdings benötigst du hierfür sehr viel Geduld und Disziplin. Diese Art von Engagement kann durchaus mehrere Stunden pro Tag in Anspruch nehmen, wobei es natürlich immer auf deinen persönlichen Anspruch ankommt. Ob du die Aufmerksamkeit der Menschen dauerhaft auf dich ziehen kannst, hängt stark von der Qualität ab, die du auf der Plattform anbietest, auf die du die Aufmerksamkeit lenken möchtest.

Nichtsdestotrotz ist dies mit Twitter möglich, was gleichzeitig der große Vorteil der Plattform ist. Sei dir jedoch darüber im Klaren, dass es ein äußerst langsamer Prozess ist, der mit sehr viel Arbeit verbunden ist. Wenn du dies jedoch durchhältst und dein Content einzigartig ist, wird sich dein Engagement auf Twitter langfristig auszahlen.

Twitter ist ein vollständiges und vertrauenswürdiges Verzeichnis. Die Plattform existiert lang genug, um das Verifizierungssystem perfektioniert zu haben. Auch die Suchfunktion funktioniert hervorragend. Bei Instagram ist es anders: Hier ist es oft nicht einfach, herauszufinden, ob der Account echt ist oder nicht. Ein weiterer Vorteil von Twitter ist die bemerkenswerte Retweet-Funktion. Diese ermöglicht es dir, sofortige Aufmerksamkeit zu erzielen.

Angenommen, du lädst auf YouTube das Cover eines bekannten Musikvideos hoch. Selbst wenn du den Künstler darauf verlinkst, wird er es höchstwahrscheinlich nicht sehen. Wenn du das Video jedoch auf Twitter teilst, kann es durch Retweets viral gehen. Selbst die größten Influencer können dadurch auf dich aufmerksam werden. Diese Art der Mund-zu-Mund-Propaganda funktioniert weder auf Instagram noch Snapchat und kann enorm hilfreich für dich sein. Während du bei Instagram nur ein paar Bilder pro Tag postest, kannst du dich bei Twitter unzählige Male einbringen, was sogar höchst willkommen ist. Damit kannst du das Volumen deines Storytellings drastisch erhöhen. Auf Twitter bist du immer nur einen Kommentar davon entfernt, bemerkt zu werden und dir einen Namen zu machen. Je häufiger du dich einbringst, desto besser.

Allerdings solltest du im Hinterkopf behalten, dass die besten Gäste nicht nur die großen Geschichtenerzähler sind, sondern auch die guten Zuhörer. Es lohnt sich, wenn du all deine Intelligenz, deinen Witz und deine Einzigartigkeit bei Twitter einbringst. Ermutige die Menschen um dich herum, an der Unterhaltung teilzunehmen, und du kannst beobachten, wie dein Einfluss wächst und sich deine Chancen multiplizieren. Es gibt keine andere Plattform, auf der du dich besser und häufiger selbst vorstellen kannst, als Twitter. Nutze diesen Umstand für dich und dein Business.

Twitter beinhaltet eine große Chance, um deine persönliche Marke bekannt zu machen. Du kannst es auch als Karrierechance nutzen. Du kannst auf einfache Weise mit Fremden in Kontakt kommen und Beziehungen knüpfen. Twitter ist die beste Plattform, um deine individuelle Stimme zu finden, weil du unzählige Chancen hast, der Masse zu beweisen, weshalb du oder dein Unternehmen besonders sind und Aufmerksamkeit verdienen.

Nutze Twitter, um der Welt deine ureigene Persönlichkeit und Weltsicht mitzuteilen. Für den Start kannst du damit beginnen, dir die Trendthemen anzuschauen. Wenn du dich in der App bewegst, reicht ein Klick auf das Suchsymbol, und schon siehst du mehrere Hashtags und Themen, die zu dir passen könnten bzw. die gerade beliebt sind. Wähle ein Thema aus, und schreibe deine Gedanken nieder. Es kann durchaus mehrere Tweets benötigen, bis du alles mitgeteilt hast, da ein Tweet auf 280 Zeichen begrenzt ist. Zudem sind Videos mit einer Länge von 140 Sekunden möglich. Vergiss nicht, die relevanten Hashtags einzubauen, damit dich andere User finden, die nach Informationen zu dem Thema suchen. Klinke dich bei themenbezogenen Konversationen ein, und antworte auf die Tweets von anderen.

Teile deine Gedanken jeden Tag, und scheue dich nicht, auch berühmten Persönlichkeiten zu antworten. Je aktiver du bei Twitter bist, desto höher sind deine Chancen, von den Menschen entdeckt zu werden, die diese speziellen Hashtags eingeben und die Konversationen dazu beobachten.

Wenn du kontinuierlich viele Stunden pro Tag bei Twitter aktiv bist, wird irgendwann mit etwas Glück jemand auf dich aufmerksam. Zudem kann ein Tweet bei Twitter mächtiger sein als hunderte Posts auf anderen Social-Media-Plattformen.

Snapchat

Snapchat ist noch immer eine der am meisten unterschätzten Social-Media-Plattformen. Dabei hat sie über 170 Millionen User, die täglich circa 18-mal dort aktiv sind. Alleine die Zahlen sprechen für sich: Täglich werden etwa 2,5 Milliarden Snaps produziert und 18 Milliarden Videos geschaut.[86]

Der Umgang mit sozialen Medien hat sich extrem stark gewandelt. Während früher Textnachrichten verschickt wurden, sind es heute zunehmend Videos und Fotos. Snapchat hat diese Entwicklung frühzeitig erkannt und für sich genutzt. Die Gründer Robert Murphy und Evan Spiegel wollten mit Snapchat im Jahr 2011 ein Anti-Facebook kreieren, indem spontane und nicht perfekte Bilder verschickt werden können, ohne dass andere sie speichern können. Zusätzlich ermöglichte Snapchat als erstes, Bilder mit Text oder Zeichnungen zu verschicken.

Was hat Snapchat zum Erfolg geführt? Zum einen war die Funktion spannend, dass sich die Bilder innerhalb von 10 Sekunden nach dem Öffnen von selbst zerstören. Zum anderen wollen viele junge Leute nicht auf einer Plattform sein, auf der ihre Eltern aktiv sind.

Heute stehen bei Snapchat eine Vielzahl an Filtern, verschiedenen Linsen, Emojis und Videobearbeitungstools zur Verfügung. Allerdings kann der Content mittlerweile gespeichert werden, indem Screenshots der Bilder gemacht werden. Mit der Funktion Memories ist Snapchat dem menschlichen Bedürfnis nachgekommen, die wichtigsten Momente im Leben aufzubewahren. Nach Wunsch kann der Content nun auf den Servern der App gespeichert werden.

Die Einführung von Stories hat Snapchat auf das nächste Level gebracht. Zum ersten Mal war es möglich, der Community genau einen Tag lang eine Reihe von Bildern und Videos zu zeigen. Interessanterweise haben viele große Online-Marketer anfangs dagegen gewettet, dass sich die Story-Funktion durchsetzen würde. Mit dem Launch der Entdecken-Funktion, der den Nutzern ausgewählte Inhalte großer Marken präsentierte, gelang Snapchat der Zugriff auf Werbeverträge.

Um auf Snapchat erfolgreich zu sein, kommt es darauf an, nicht zu viel nachzudenken. Gerade kein perfekter Content und Authentizität begeistern die Masse. Es ist wichtig, dass du einfach du selbst bist und dich nicht für jemand anderes ausgibst, nur weil du denkst, dass dies interessanter sein könnte. Unbeschönigte, echte Momente machen uns zu dem, was wir sind. Wir können es mit dem echten Leben vergleichen, wo wir uns zu authentischen, ungefilterten Menschen hingezogen fühlen, die einfach so sind, wie sie sind. Menschen in ihrer natürlichen Umgebung denken nicht über jedes Wort nach, deshalb solltest du das bei Snapchat auch nicht tun. Genau diese ungeschönte Realität bildet Snapchat ab. Wir sind dies allerdings nicht mehr gewöhnt, weil wir jahrzehntelang darauf konditioniert wurden, nur perfekt produzierten Inhalt auf unseren Bildschirmen zu sehen. Bei Snapchat musst du dir keine Gedanken darüber machen, was du als nächstes postest. Es ist auch egal, ob es bei deinen Followern gut ankommen wird. Durch die Freiheit, einfach alles posten zu können, kannst du bequem damit experimentieren, deine persönliche Marke aufzubauen. Dadurch werden bei vielen Kreativität und neue Fähigkeiten freigesetzt.

Snapchat hat schon oft dazu geführt, dass Menschen ihren sicheren Job aufgegeben haben und bedingt durch den Erfolg bei Snapchat den Mut hatten, sich selbst zu verwirklichen. Es gibt auf Snapchat Influencer, denen Firmen Tausende von Dollar bezahlen, damit sie deren Produkte in ihren Stories präsentieren. Es ist übrigens erstaunlich, wie viele Familien auf Snapchat einfach nur ihren Tag filmen und damit erfolgreich werden. Dies gilt besonders, wenn auch die Kinder gezeigt werden. Auch wenn dies sehr persönlich und privat ist, lieben fast alle Menschen Babys und süße Tiere. Vielleicht ist genau der Einblick in dein ganz normales Leben das, wonach sich die Menschen sehnen.

Böse Zungen behaupten, dass Instagram die Storyfunktion von Snapchat übernommen hat. Als Instagram die Stories ins Leben gerufen hat, haben viele Menschen damit aufgehört, auf Snapchat Storys hochzuladen, obwohl sie bereits eine gewisse Reichweite aufgebaut hatten und dabei waren, Influencer zu werden. Diesen Fehler solltest du in jedem Fall vermeiden. Auch Facebook bietet seinen Usern inzwischen die Möglichkeit, Storys hochzuladen.

Welche Social-Media-Plattform derzeit am beliebtesten ist, kannst du übrigens beim Blick in den App Store sehen. Snapchat ist sehr oft auf den ersten fünf Plätzen. Die Plattform ist ideal, wenn deine Firma gerade anfängt zu wachsen und dein Produkt langsam bekannter wird.

Für Influencer ist es relativ leicht, vom Strudel der eigenen Medienmaschinerie verschlungen und zu einer Karikatur zu werden, insbesondere auf Instagram, wo die Bilder einen solch hohen Stellenwert besitzen. Auch die Storys müssen zu den Inhalten und der Person passen, die du dort verkörperst. Der Vorteil von Snapchat ist, dass es für sich steht. Du kannst dort Seiten von dir präsentieren, die du auf keinen anderen Social-Media-Kanälen zeigst. Alleine wegen diesem Alleinstellungsmerkmal von Snapchat solltest du die Plattform ernst nehmen. Hier kannst du überraschend und anders sein, selbst wenn es in der banalsten Art und Weise ist, die du dir vorstellen kannst.

Wie schaffst du es als erwachsener Gründer, deine Marke auch bei einem besonders jungen Publikum erfolgreich zu positionieren? Manche Menschen sind mit Charisma gesegnet und gehen in der ersten Minute viral, in der sie ihre Arbeit in der Öffentlichkeit präsentieren. Dies ist jedoch eine Ausnahme. Der Großteil der Menschen benötigt eine Kombination aus Talent, Taktik und Strategie. Snapchat limitiert diese Taktiken jedoch. Da es keine Hashtags gibt, kannst du auch nicht entdeckt werden. Wenn du deine Marke auf Snapchat bekannt machen möchtest, kommt es alleine auf die Leistungsfähigkeit deiner Marke an.

Du kannst nicht einfach Anzeigen schalten und jeden Klick mathematisch auswerten. Stattdessen entscheidet Snapchat, wer gut ist und wer nicht. Du produzierst deinen Content bei Snapchat quasi ins Blaue hinein. Nimm dir die Zeit, jeden einzelnen Snap, den du bekommst, zu beantworten. Dadurch gibst du den Menschen die Möglichkeit, wirklich Teil deines Lebens zu werden und umgekehrt. Erzähle eine Geschichte, die 100 Prozent Mehrwert für deine Interessenten bietet. Du kannst beispielsweise deutlich machen, wo es sich lohnt hinzugehen, oder was du an deiner neuen Tasche so magst. Zeige ihnen die Realität, in der du dich bewegst. Es reicht nicht aus, ein Bild deines Essens zu posten. Füge stattdessen die Info hinzu, weshalb du genau das isst. Jeder Snap, den du machst, sollte deinen Followern einen Mehrwert liefern.

Bei Snapchat reicht es nicht aus, einfach nur ansprechende Bilder zu posten. Stattdessen zwingt dich die Plattform dazu, deine Persönlichkeit zu zeigen. Eines muss dir jedoch bewusst sein: Keiner ist nur aufgrund von Snapchat bekannt. Da die Inhalte zeitlich begrenzt gezeigt werden, ist die einzige Möglichkeit, lang genug sichtbar zu sein, um genügend Menschen zu erreichen, die Integration von anderen Plattformen, beispielsweise YouTube.

Damit du auf Snapchat Influencer werden kannst, musst du auch auf anderen Plattformen stark sein. Der Content, den du für Snapchat produzierst, muss stark genug sein, um Views auf YouTube, Facebook und

Instagram zu generieren. Nutze deine Homepage, um den Menschen zu erzählen, dass du auf Snapchat bist. Es gelingt sehr wenigen, auf allen Plattformen gleichzeitig präsent zu sein. Die meisten sind auf den Social-Media-Kanälen am erfolgreichsten, die ihnen am meisten Spaß machen. Wenn du jedoch eine Formel finden solltest, die für alle Plattformen gut funktioniert, wirst du eine herausragende Reichweite erzielen können. Füge deinen Snapcode in jede E-Mail ein, die du verschickst. Auch auf YouTube kannst du ihn in deine Videos integrieren oder ein T-Shirt mit deinem Snapcode tragen.

Bei Snapchat sind Kooperationen unverzichtbar. Die Leute können nur auf dich aufmerksam werden, wenn sie dich kennen, suchen und dir anschließend folgen. Es gibt keine andere Art und Weise, auf dieser Plattform entdeckt zu werden. Dieser Umstand erschwert die Zusammenarbeit mit anderen Snapchat-Größen. Du kannst lediglich auf anderen Plattformen oder via E-Mail dafür werben, gemeinsam eine spannende Aktion auf Snapchat zu starten oder im Gegenzug etwas anbieten, damit du auf deren Snapchat-Kanal genannt wirst. Dabei gibt es allerdings einen Haken. Wenn du die Hilfe von Influencern benötigst, ist dein Account wahrscheinlich nicht interessant genug, außer, du hast ihnen im Gegenzug etwas wirklich Spektakuläres zu bieten.

Doch wie sonst gelingt es dir, deine Marke zu stärken und attraktiver für Kooperationen zu machen? Schalte beispielsweise eine Facebook-Werbung mit den wichtigsten How To's auf Snapchat oder schreibe sehr viele Blogartikel über Snapchat, damit du nach und nach als Experte auf diesem Gebiet wahrgenommen wirst.

Du weißt immer noch nicht, was du überhaupt auf Snapchat posten sollst? Alles, was etwas über deine Persönlichkeit verrät, ist geeignet. Oftmals sind es Kleinigkeiten, die dir vielleicht gar nicht bewusst sind, die dich für andere Menschen sympathisch machen. Angenommen, du bist Veganer, hast aber eine Schwäche für Käse und gönnst dir ab und an ein winziges Stück. Oder du kannst dich für gutes Design begeistern und hast eine Schwäche für farbig illustrierte Kochbücher. Teile dich deinen Followern mit und nutze dazu die bunten Filter. Nichts macht dich sympathischer, als eine menschliche, nicht perfekte Komponente in deiner Persönlichkeit.

Tik Tok

Es kann gut sein, dass du noch nie von dieser Plattform gehört hast, sofern du kein Kind im Teenager-Alter hast. Die Plattform ist genau wie deren User: jung, kreativ und bereit, zu wachsen. Tik Tok ist wahrscheinlich die am meisten unterschätzte Spaß-Plattform überhaupt und war bis vor kurzem noch musical.ly, bevor das Unternehmen für mehr als eine Milliarde Dollar verkauft wurde.

Die chinesische Firma ByteDance hat sich dazu entschlossen, den Markennamen musical.ly aufzugeben und konfrontierte die mehr als 200 Millionen musical.ly-Nutzer mit dem neuen Namen Tik Tok. Die Plattform versucht nun einen Neustart.[87] Nutze den Umstand für dich, dass viele Gründer überhaupt nicht an Tik Tok denken. Doch worum geht es eigentlich bei dieser Plattform? Es werden vor einem Ganzkörperspiegel 15-sekündige Lippen-Synchron-Videos aufgenommen, mit denen bekannte Stars imitiert werden.

Mittlerweile hat sich die Plattform weiterentwickelt und beinhaltet nun Original-Musik, Comedy-Sketche und sogar kleine Bildungsvideos. Fitness-YouTuber, Turner, Jongleure, Athleten, Rapper, Sänger, Schauspieler und viele andere nutzen Tik Tok, um ihr Talent und ihren Stil zu zeigen. Du kannst auf Tik Tok bis zu 5-minütigen Content erstellen, Video-Clips in deine Stories implementieren und mit anderen Duette singen. Als die Plattform im August 2014 veröffentlicht wurde, wurde sie in Scharen von Teenagern heruntergeladen. Es hat einige Zeit gedauert, bis der Hype nach Deutschland gekommen ist, aber mittlerweile hat die Social-Media-Plattform auch hier viele, meist sehr junge Fans.

Durch Änderungen im Design konnten neue Nutzer gewonnen werden. Die Musers, so nennen sich die Nutzer der Plattform, können ihre Videos auf Instagram, Twitter, Facebook und WhatsApp hochladen und somit stetig ihre Fanbase erweitern. Du fragst dich, was du als Gründer auf dieser Plattform verloren hast, auf der sich überwiegend Jüngere tummeln?

Unternehmer, Entrepreneure oder auch Startups haben heute einen völlig anderen Stellenwert als früher. Viele junge Menschen wünschen sich, später ihr eigener Chef zu sein. Wenn du es als Gründer schaffst, diese junge Zielgruppe zu inspirieren, kann dir dies nicht nur Kunden bringen, sondern sich mit etwas Glück auch eine erfolgreiche Zusammenarbeit entwickeln. Du musst dazu weder ein Unternehmen in der Musikbranche haben noch singen können.

Wichtig ist, dass deine Ansprache zielgruppengerecht ist. Auch Kooperationen mit den Influencern der Plattform sind denkbar. Manche Tik-Tok-Stars zählen zu den einflussreichsten Menschen des Internets, selbst wenn sie erst 15 Jahre alt sind, wie Lisa und Lena aus Deutschland.

Um ein Gefühl für die Plattform zu bekommen, solltest du für ein paar Wochen den Content anderer User konsumieren. Wenn du herausgefunden hast, was die Massen begeistert, kannst du eine Strategie entwickeln und deinen eigenen Content kreieren, der erfolgreich den Markt durchdringt. Natürlich solltest du dich nicht alleine auf Tik Tok konzentrieren, insbesondere, wenn du merkst, dass du nicht so richtig warm damit wirst. Wenn du dich jedoch dafür begeistern kannst, lohnt es sich, mehr Zeit für diese Plattform aufzuwenden.

Übrigens solltest du eine Plattform niemals vorschnell verurteilen. Je früher du mit deiner Firma Teil einer solchen Plattform wirst, desto mehr kannst du dich damit weiterentwickeln. Dies gilt nicht nur für Tik Tok, sondern für alle neuen Plattformen.

Wie gelingt es dir, bei Tik Tok schnell Reichweite aufzubauen? Schau dir die am meisten benutzten Hashtags auf der »Discovery-Seite« an. Wenn du rund um diese Hashtags guten Content produzierst, wirst du von vielen Leuten gesehen werden, die ansonsten nicht auf dich aufmerksam geworden wären. Früher waren Stars unberührbar und lebten von dem geheimnisvollen Zauber, der sie umgab. Heute beruht Erfolg wesentlich mehr auf Zusammenarbeit. Diese Tatsache kannst du für dich nutzen. Der beste Weg, um eine Community zu erreichen, ist es, Teil der Community zu werden. Engagiere dich, kommentiere, teile und produziere Content, ohne jemanden um etwas zu bitten.

Je mehr Kreativität du in deinen Content investierst, umso schneller wirst du erfolgreich werden. Denke dir zusätzlich ruhig deinen eigenen Hashtag aus. Dieser gibt deinem Content Langlebigkeit. Wenn du Teil der Plattform bist, sind die Chancen wesentlich höher, dass sich Menschen in dein Video verlieben und es teilen. Doch was ist, wenn deine

Marke oder dein Unternehmen überhaupt nicht zur Zielgruppe passt oder du dir schlichtweg nicht vorstellen kannst, dass es für Jüngere interessant ist? Du könntest beispielsweise Videos mit der Laune des Tages aufnehmen, oder inspirierende Motivationsvideos drehen. Es sind aber auch Videos denkbar, in denen du im Zeitraffer etwas zusammenbaust, beispielsweise ein Lego-Modell. Wenn du genügend Follower hast, sind später profitable Kooperationen möglich.

Kreative Menschen können überall kreativ sein, und die kreativsten Menschen leben ihre Kreativität dort aus, wo es niemals jemand zuvor probiert hat. Wenn du Maler bist, wirst du intuitiv wissen, mit welcher Art von Content du andere Maler erreichst. Das Gleiche gilt für Menschen, die sich viel mit Persönlichkeitsentwicklung auseinandergesetzt haben. Mit dem Einsatz deiner Kreativität steht und fällt dein Erfolg bei Tik Tok und bei anderen Plattformen. Du kannst dir immer noch nicht vorstellen, wie Menschen mit Tik Tok erfolgreich sein können? Ein Beispiel soll dies nachfolgend verdeutlichen:

Angenommen, du hast eine kleine Musikschule, die in letzter Zeit etwas in die Jahre gekommen ist. Immer öfter wechseln deine Schüler zu benachbarten Musikschulen, und du fragst dich, was du dagegen unternehmen kannst. Eines Tages ist dein Neffe bei dir zu Besuch und zeigt dir Videos, wie er zu seinen Lieblingsliedern auf Tik Tok performt. Dein erster Gedanke ist wahrscheinlich, ihn zu fragen, ob seine Eltern darüber Bescheid wissen. Er bejaht das und sagt, dass alle seine Freunde dort Videos veröffentlichen. Du wirst neugierig und eröffnest deinen eigenen Account, wo du ein paar deiner Lieblingsvideos hochlädst. Da du dir unsicher bist, bittest du deinen Neffen und später einige deiner jungen Musikschüler um Hilfe. Diese sind völlig begeistert, dass du dort nun auch aktiv bist, und fragen, ob sie dich filmen und auf ihrem Account veröffentlichen dürfen. Nach und nach entsteht immer mehr Content, in denen auch deine Musikschule mit den verschiedenen Räumlichkeiten und Instrumenten zu sehen ist. Das Beste jedoch ist, dass nicht du dich damit auseinandersetzen musst, was Kinder auf Tik Tok sehen möchten, sondern dass dir deine eigenen Musikschüler zeigen, was für sie interessant ist. Indem du sie beobachtest und genau aufpasst, welche Hashtags sie verwenden, wenn sie auf Tik Tok aktiv sind, kannst du deinen

Bekanntheitsgrad ausbauen. Da alle untereinander ihre Freunde verlinken, wird es bald passieren, dass fremde Kinder auf dich zukommen und Unterricht in deiner Schule nehmen wollen. Es ist eingetreten, was du dir niemals zu träumen erhofft hättest: Tik Tok hat dir zu einem neuen Erfolg deines Unternehmens verholfen.

Kapitel 11:
Bezahlte Werbung

Du wirst mit deinem Unternehmen nur dann langfristig erfolgreich sein, wenn du genügend Kunden hast. Die Kunst ist es, diese überhaupt auf dich aufmerksam zu machen. Ich habe dir gezeigt, wie du dies erreichen kannst, indem du zu relevanten Keywords in den Suchmaschinen ganz oben gelistet wirst und indem du auf Social-Media-Kanälen präsent bist. Eine weitere Möglichkeit ist klassische Werbung, auch wenn diese mit Kosten verbunden ist.

Die Möglichkeiten von Werbung sind vielfältig: Du kannst damit wie wir in der Vergangenheit sehr viel Geld verbrennen, du kannst aber auch einen viralen Hit landen. Auch das ist uns bereits gelungen. Werbung muss immer auf deine Zielgruppe ausgerichtet sein. Nehmen wir das Beispiel Fußball. Wenn du mit diesem Sport nichts anfangen kannst, wird ein Fußball für dich keinen Wert haben, es sei denn, dein Businessmodell ist es, Fußbälle zu verkaufen. Wenn du jedoch Ronaldo heißt, ist ein Fußball für dich viele Millionen Euro wert. Was will ich damit sagen?

Die gleiche Sache hat für unterschiedliche Menschen komplett verschiedene Werte. Im obigen Beispiel steht der Ball sinnbildlich für die diversen Plattformen und die jeweiligen Werbeanzeigen, die du dort schalten kannst. Nur, weil etwas auf dem einen Kanal nicht funktioniert, heißt es nicht, dass dies auf den anderen Kanälen ebenso der Fall ist und umgekehrt. Viele Gründer nehmen dies aber an und geben vorschnell auf.

Du hast bereits den wichtigsten Grundstein für den Erfolg deines Unternehmens gelegt, indem du Content erstellt hast, der deine Zielgruppe an dich bindet und der Wiedererkennungswert hat. Im folgenden Kapitel zeige ich dir, wie du das Setup für die wichtigsten Kanäle vornehmen kannst, um für deine Marke erfolgreiche Werbung zu schalten.

Du hast genügend Startkapital und möchtest dein Produkt oder deine Dienstleistung schneller bekannt machen? Hier kommt Search Engine Advertising (SEA) zum Einsatz. Während SEO die Suchmaschinenoptimierung bezeichnet und sich somit mit der besseren Auffindbarkeit der eigenen Website beschäftigt, geht es bei SEA um bezahlte Werbeanzeigen. Suchmaschinenwerbung ist ein wichtiger Baustein des Online Marketings. Für dich als Gründer ist es eines der wichtigsten Werkzeuge, um Aufmerksamkeit zu bekommen. Du kannst mit bezahlten Textanzeigen äußert zielgenau Kunden ansprechen. Gleichzeitig profitierst du von der enormen Reichweite, die Suchmaschinen erzielen. Diese ermöglicht es dir, neue Besucher auf deine Website zu locken und dadurch deine Umsätze zu erhöhen. Noch besser ist es, wenn Kunden wiederholt auf deine Website schauen.

Was ist SEA?

Die bezahlten Textanzeigen von Google Ads erscheinen über der Liste der organischen Suchergebnisse. Wenn du Bild- oder Textanzeigen in Suchmaschinen wie Google oder Bing schaltest, ist dies Suchmaschinenwerbung. Wenn du eine Anzeige erstellst, ist diese erstmal kostenfrei. Du zahlst nur, wenn jemand auf deine Anzeige klickt. Damit du Suchmaschinenwerbung schalten kannst, benötigst du einen Account bei Google Ads oder Bing Ads.

Sobald Internetnutzer in den Suchmaschinen nach Begriffen suchen, die mit deinen Produkten oder Dienstleistungen zusammenhängen, oder aber auf ähnlichen Seiten surfen, können deine Ads geschaltet werden. Es gibt viele Vorteile für Suchmaschinenwerbung. Auch ohne SEO schaffst du es mithilfe von SEA, auf die vorderen Plätze der Suchmaschinen zu gelangen. Du kannst exakt deine Zielgruppe ansprechen und profitierst von einer hohen Messbarkeit sowie einer schnellen Optimierung. Dabei hast du eine stetige Kontrolle über deine Kosten. Schalte mobiloptimierte Werbung, um die Aufmerksamkeit von potenziellen Kunden auch von unterwegs auf deine Homepage zu lenken. Zudem profitierst du von einem seitenübergreifenden Brandingeffekt und einer positiven Wechselwirkung auf dein organisches Ranking.

Wie du mit SEA auf die Premiumplätze der Suchmaschinen gelangst

Wahrscheinlich kennst du es von dir selbst: Wenn du nach Produkten oder Dienstleistungen googlest, schaust du dir maximal die ersten beiden Seiten an, oftmals auch nur die ersten paar Ergebnisse. Deshalb ist es nicht verwunderlich, dass Anzeigen, die auf der ersten Seite oder oberhalb der Suchergebnisse erscheinen, deutlich häufiger angeklickt werden, als Anzeigen, die weiter unten oder ab Seite zwei platziert sind.

Doch wie schaffst du es, diese wertvolle Position zu bekommen? Google Ads & Co. verwenden sogenannte Gebotsschätzungen. Dies ist der Betrag, den du investieren musst, damit deine Anzeige voraussichtlich auf Seite eins der Suchergebnisse angezeigt wird. Du kannst mithilfe von automatisierten Regeln bestimmen, dass deine Anzeigen auf den obersten Positionen oder zumindest auf der ersten Seite erscheinen sollen. Google Ads berechnet dir automatisch den voraussichtlichen Klickpreis. Du zahlst also nur, wenn Menschen auch wirklich auf deine Anzeige klicken.

Zielgruppengenaue Ansprache

Wenn deine Suchmaschinenwerbung effektiv ist, erreicht sie deine Zielgruppe zur richtigen Zeit und am richtigen Ort. Du kannst beispielsweise festlegen, zu welchen Uhrzeiten und an welchen Wochentagen deine Werbung geschaltet werden soll. Darüber hinaus kannst du deine Zielgruppe nach demografischen und geografischen Merkmalen exakt eingrenzen. Angenommen, du hast eine Pizzeria in Hamburg. Die Merkmale deiner Kampagne könnten beispielsweise sein, alle Personen ab 16

Jahren anzusprechen, die im Umkreis von 10 Kilometern zu deiner Pizzeria wohnen. Als Zeitspanne kannst du von 17 Uhr bis 22 Uhr angeben. Mögliche Suchbegriffe sind »Pizza«, »Pizzeria«, »Italienisch« etc.

Nutze darüber hinaus das sogenannte Displaynetzwerk für dich. Dieses hilft dir dabei, potenzielle Kunden beim Surfen zu erreichen. Deine Anzeige taucht hierzu auf anderen Websites auf. Du kannst bei Google Ads beispielsweise eine Bildanzeige schalten. Google definiert dabei bestimmte Voraussetzungen, die erfüllt werden müssen.

Für folgende Zielgruppen kann das Displaynetzwerk verwendet werden:

➤ Zielgruppen, die gewisse Keywords nutzen.
➤ Zielgruppen mit bestimmten demografischen Merkmalen, beispielsweise Elternhaus, Geschlecht und Alter.
➤ Zielgruppen, die kaufbereit sind.
➤ Zielgruppen, die gemeinsame Interessen haben.
➤ Websites, die gewisse Themen aufweisen.

Du hast viele verschiedene Möglichkeiten, eine Werbekampagne zu schalten und die Anzeigen bestmöglich zu streuen. Dazu musst du dich im Vorfeld mit deiner Zielgruppe beschäftigen und Ziele definieren. Wie vorher bereits mit dem Fußball-Beispiel erläutert, verlierst du sonst durch Streuverluste zu viel Geld und deine Werbung wird irrelevant, weil sie nicht den passenden Menschen angezeigt wird.

Der Vorteil von SEA ist, dass du jederzeit einen kompletten Überblick über die Kosten hast. Du legst im Vorfeld einen Betrag fest, wie viel du für deine Suchmaschinenwerbung bezahlen möchtest. Zusätzlich kannst du deine täglichen Ausgaben für die Kampagne mit einem Tagesbudget beschränken. Sobald dein Budget erschöpft ist, werden keine Anzeigen mehr geschaltet. Je nachdem, wie teuer dein Keyword ist, können schon wenige Klicks pro Tag dein Werbebudget aufbrauchen. Damit deine Anzeige in den Suchergebnissen geschaltet wird und der entsprechende Rang auf der Seite ermittelt werden kann, gibt es Auktionen. Hierfür gibt es drei verschiedene Gebotsstrategien:

Cost-per-Click (CPC)

Bei dieser Variante bezahlst du nur, wenn Menschen tatsächlich auf deine Anzeige klicken. Dabei legst du einen Höchstbetrag fest, der nicht überschritten werden darf.

Cost-Per-1000-Impressions (CPM)

Diese Strategie eignet sich, wenn du deine Marke bekannter machen möchtest und es dir wichtig ist, möglichst viele Impressionen (Seitenabrufe) zu erreichen. Je nachdem, wie oft deine Anzeigen im Displaynetzwerk geschaltet werden, bezahlst du mehr oder weniger Geld.

Cost-per-Acquisition (CPA)

Dir ist es wichtig, möglichst viele Conversions zu generieren (also Besucher, die zu Interessenten/Kunden werden), beispielsweise durch Newsletter-Anmeldungen, Verkäufe oder Downloads? Dann macht diese Gebotsstrategie für dich Sinn. Die Festlegung der Gebote erfolgt automatisch. Ziel ist es, möglichst viele Conversions zu erzielen. Der zugrundeliegende Algorithmus wird durch erweitertes maschinelles Lernen stetig optimiert.

Umfangreiche Analyse- und Optimierungsmöglichkeiten

Suchmaschinenwerbung bietet umfassende Möglichkeiten, um deine geschaltete Werbung zu analysieren. Du kannst beispielsweise erkennen, welches Keyword besonders oft angeklickt wurde oder wie viele Besucher deine Landingpage besucht haben. Indem du dich mit der Keyword- und Anzeigenrelevanz und auch dem Klick- und Nutzerverhalten deiner potenziellen Kunden auseinandersetzt, kannst du deine Kampagnen immer weiter optimieren. Auch wenn es Zeit kostet, deine Anzeigen immer wieder anzupassen: Du profitierst nur dann von den Vorteilen der Suchmaschinenwerbung, wenn deine Strategie nachhaltig und effektiv ist.

Mobiloptimierte Werbung

Bestimmt kennst du es von dir: Du nutzt dein Smartphone oder Tablet, um von unterwegs aus etwas zu suchen. Oftmals findet jedoch nur die Recherche mobil statt, der eigentliche Kauf wird dann am PC getätigt. Es ist unabdingbar, dass deine Website auf allen Kanälen optimal dargestellt wird. Seit Mai 2015 ist es offiziell von Google bestätigt, dass mehr Menschen auf Smartphones und Tablets suchen, als auf normalen Rechnern.[88] Wenn du mobile Suchmaschinenwerbung betreibst, wird deine Anzeige in der Regel im sichtbaren Bereich der mobilen Suchergebnisseiten angezeigt. Du hast auch hier die Möglichkeit, Anzeigen nur zu einer bestimmten Zeit und in einem gewissen Radius zu schalten. Wenn du Sonderaktionen hast, bietet sich im Vorfeld eine Ankündigung via Countdown-Funktion an. Mit Google Ads oder Bing Ads stehen dir viele weitere Möglichkeiten zur Anpassung zur Verfügung, beispielsweise Standorterweiterungen, geräteübergreifende Conversions oder Gebotsanpassungen für Mobilgeräte.

Seitenübergreifender Brandingeffekt

Je besser dein Branding ist, desto größer sind die Chancen, dein Unternehmen bekannt zu machen. Suchmaschinenwerbung kann dich hierbei in einem hohen Maße unterstützen. Das Ziel von Branding-Kampagnen ist es, die Markenbekanntheit deiner Produkte oder Dienstleistungen zu erhöhen oder auch den Kunden dazu zu bringen, sich über deine Marke zu informieren. Wenn du dein Branding stärken möchtest, bietet es sich an, im Displaynetzwerk von Google Kampagnen zu schalten. Diese decken viele Partner-Websites ab, auf denen Nutzer auf dein Unternehmen aufmerksam werden können.

Warum bezahlte Anzeigen auch dein organisches Ranking verbessern können

Die einzelnen Komponenten des Online-Marketings wirken sich oftmals wechselseitig aus. Deshalb kann es durchaus sein, dass du mit Suchmaschinenwerbung auch dein organisches Ranking verbesserst. Wenn deine Kampagne erfolgreich ist, machst du mehr Menschen auf deine Homepage aufmerksam, die sich tatsächlich für deine Produkte oder deine Dienstleistung interessieren. Dadurch wird die Relevanz deiner Seite für die Nutzer verbessert, was sich wiederum positiv auf das organische Ranking auswirkt. Beim nächsten Mal kann es gut sein, dass sich diese Kunden deine Homepage merken und sie direkt eingeben.

Du kannst mit Google Ads mit etwas Glück auch mit einem niedrigen Budget die vorderen Plätze erreichen. Dies hängt jedoch entscheidend von deiner Keyword- und Anzeigenqualität ab. Beobachte, ob sich der Traffic auf deiner Website nach Schaltung der Anzeigen verändert.

Facebook Ads

Auch hier haben wir festgestellt, dass Schritt-für-Schritt-Anleitungen durch die einzelnen Einstellungen, die du für die Erstellung von Facebook Ads vornehmen musst, schlecht zum Format Buch passen. Du findest dafür auf Udemy unter unserem Brand einfachstartup einen eigens entwickelten Onlinekurs, der ständig aktualisiert wird. Wieso ist Facebook für manche Unternehmer ein wahres Wundermittel, während andere nach einiger Zeit resigniert aufgeben, weil es zu teuer ist oder schlichtweg nicht funktioniert? Du musst verstehen, wie Facebook Ads funktionieren, und gewisse Regeln beachten. Nachfolgend erfährst du mehr dazu.

Du musst viel Arbeit investieren, um auf Facebook erfolgreich zu sein. Es ist Wunschdenken, dass es mit der Schaltung von ein paar Werbeanzeigen getan ist. Auch hier gilt es wieder, kontinuierlich attraktiven und hochwertigen Content zu erstellen. Du kannst Fotos und Videos posten,

Tipps geben, Veranstaltungen erstellen oder deinen Kunden spannende Angebote unterbreiten. Eine Facebook-Seite zu pflegen, ist mit kontinuierlicher Arbeit verbunden, die von vielen Gründern unterschätzt wird. Nach meiner Erfahrung macht es mehr Sinn, viel Zeit in eine einzige Anzeige zu stecken, anstatt zehn aus der Hüfte zu schießen und diese dann gegeneinander zu testen.

Es geht bei Facebook Ads weniger darum, dein Produkt zu bewerben. Die meisten Menschen, die ihre Zeit auf Facebook vertreiben, wollen unterhalten werden, schauen Videos und beobachten, was sich im Freundeskreis tut. Damit sich deine Facebook Ads lohnen, musst du im Vorfeld die richtige Zielgruppe definieren. Wer sind deine typischen Kunden? Je differenzierter du diese eingrenzen kannst, umso besser. Wenn du deine Zielgruppe nicht klar benennen kannst, wird deine Anzeige vielen Menschen angezeigt, die sich überhaupt nicht dafür interessieren. Spare dir diese unnötigen Ausgaben.

Es macht Sinn, wenn die Werbung explizit an warme Kontakte ausgespielt wird, also Menschen angezeigt wird, die schon mal mit dir im Kontakt waren. Dies können Menschen sein, die deine Seite mit »Gefällt mir« markiert haben oder bereits deine Unternehmensseite besucht haben. Um dies herauszufinden, kannst du Facebook-Pixel verwenden. Du kannst diesen Code im Facebook-Anzeigen-Manager erstellen und in deine Website einbauen. Er trackt nun alle Besucher, die auf deiner Website waren. Du kannst bei Facebook Ads beispielsweise einstellen, dass deine Anzeige nur Menschen gezeigt wird, die in den letzten 45 Tagen auf deiner Website waren.

Gerade am Anfang wirst du noch sehr wenige Besucher auf deiner Website haben. Hier macht es Sinn, die Lookalike-Audiences zu nutzen. Facebook strahlt die Anzeige dann auch an die Menschen aus, die den Besuchern deiner Website ähneln, und erstellt daraus eine Zielgruppe. Um herauszufinden, welche Menschen das sein könnten, scannt Facebook die Profile hinsichtlich Alter, Wohnort, Interessen und Verdienst. Ähnlich funktioniert es, wenn du als Grundlage für deine Facebook Ads deine Facebook Fans nimmst. Wenn du noch nicht genügend Menschen hast, die deiner Seite folgen, kannst du festlegen, dass Facebook die Seite auch Menschen mit ähnlichen Merkmalen anzeigt. Übrigens funktioniert die Zuordnung von Facebook meist genauer, als wenn du selbst versuchst, Zielgruppen über Interessen zu definieren.

Wenn du eine Facebook-Anzeige schaltest, stehen dir im Facebook-Anzeigen-Manager unterschiedliche Kampagnenziele zur Auswahl. Diese sind insbesondere für große Unternehmen sinnvoll. Das Wichtigste ist, dass du dir von Facebook Ads nicht sofort ein Wunder erhoffst. Auch hier gilt es wieder, Geduld zu haben und durchzuhalten. Betrachte Facebook-Anzeigen als ein langfristiges Investment in deine neu gegründete Firma. Die Menschen müssen erstmal Vertrauen zu dir und deinem Produkt oder deiner Dienstleistung haben, bevor sie kaufen. Es kann durchaus ein paar Monate dauern, bis der erste Kauf stattfindet.

Wie generiert Facebook die Kosten für Facebook Ads? Es gilt das Auktionsprinzip, was bedeutet, dass die gleiche Anzeige je nach Einstellungen und Konkurrenz unterschiedlich teuer sein kann. Auch bezüglich der Branche ergeben sich je nach Zielgruppe und Konkurrenz deutliche Preisunterschiede. In jedem Fall musst du dein Gebot pro Ergebnis und dein gesamtes Budget für die Kampagne festlegen. Die von Facebook vorgeschlagenen Werte sind leider alles andere als realistisch. Probiere dich durch die unterschiedlichen Einstellungen, und sammle deine eigenen Erfahrungen. Der Durchschnittspreis deiner Branche kann dir zwar als Orientierung dienen, die Preise können aber dennoch stark abweichen.

Du fragst dich, wie viel Geld du investieren musst, damit deine Facebook Ads erfolgreich sind? Leider lässt sich dies nicht pauschal beantworten. Bei unserem Unternehmen Keimster geben wir teilweise 3.000 Euro monatlich aus. Pro Verkauf bezahlen wir rund 3 Euro an Facebook, damit jemand mindestens eine Packung Müsli kauft. Die eigentliche Strategie von Keimster ist es, sich solche Marketingkosten zu sparen. Deshalb geben wir in der Werbung transparent an, dass wir sie nur schalten, um auf unsere kalkulierten Stückzahlen zu kommen. Bei unserer ersten geschalteten Werbung (siehe Screenshot) war das Ergebnis grandios. Der Beitrag wurde 151-mal geteilt, von 1.266 Menschen gelikt und 670 Mal kommentiert.

Keimster
Verfasst von Michael Gebhardt [?] · 23. Januar · 🌐 ···

Darf ich vorstellen: GEKEIMTES BIO MÜSLI
Keine Zwischenhändler, kein unnötiger Schnickschnack
Einfach nur ein hochwertiges Müsli zu einem günstigen Preis.
Durch das Keimen ist es ein wahres Nährstoffwunder und besser
verdaulich als ungekeimte Müslis.

P.S. Um ein bestimmtes Volumen zu erreichen und den günstigen Preis
halten zu können, müssen wir zum Start etwas Werbung schalten.
(Obwohl es gegen unser Konzept spricht) Das Konzept sieht vor, alle
unnötigen Kosten aus dem Produkt zu streichen. Wir möchten, dass
Bioqualität bezahlbar bleibt und legen deshalb Wert auf vollkommene
Transparenz.

Gesundes Müsli

endlich auch größer

Mehr dazu

mit angekeimten Getreiden

Was ist "angekeimt" ?

 271.131 Personen **erreicht**

👍❤️😮 1.266 670 Kommentare 151 Mal geteilt

Beschäftige dich ausführlich mit dem Werbeanzeigenmanager, und finde die richtigen Zielgruppeneinstellungen für deine Inhalte. Es ist völlig normal, ein paar Tests durchzuführen. Überprüfe und optimiere deine Kampagnen regelmäßig und bleibe up-to-date, was neue Optionen betrifft. Nun hast du einen groben Überblick darüber, wie Facebook Ads funktionieren und wie du eine erste Kampagne erstellen kannst.

Alternativen zu Google: Ecosia und Bing

Wie dir vielleicht schon aufgefallen ist, liegt uns das Thema Nachhaltigkeit sehr am Herzen. Deshalb freut es uns ganz besonders, dass sich eine ökologisch inspirierte Suchmaschine langsam, aber stetig nach vorne kämpft. Hast du schon mal etwas von Ecosia gehört? Das Unternehmen sitzt in Berlin. Ecosia funktioniert genau wie andere Suchmaschinen, hat aber einen entscheidenden Vorteil: Die Einnahmen werden dazu verwendet, um Bäume zu pflanzen – und zwar dort, wo sie am meisten gebraucht werden. Ecosia forstet beispielsweise Wüstengebiete auf oder pflanzt, Akazienbäume, die die Fruchtbarkeit des Bodens aufwerten.

Laut Ecosia wurden seit 2009 Bäume im Wert von 3 Millionen Dollar gepflanzt die hauptsächlich durch Spenden finanziert wurden.[89] Zudem werden mit den durch Werbung erzielten Einnahmen Sparkonten angelegt, mit dem beispielsweise Frauen ein eigenes Geschäft eröffnen können. Die Suchmaschine selbst ist eine Eigenentwicklung, um die sich direkt in Berlin vor Ort ein elfköpfiges Team kümmert. Der CEO von Ecosia, Christian Kroll, sagte folgendes: »Als ein Social Business definieren wir unseren Erfolg nicht über unsere Einnahmen, sondern über die Bäume, die wir pflanzen können.«[90] Im Jahr 2017 erwirtschaftete die Suchmaschine schon 8 Millionen Euro.[91]

Wie verdient Ecosia Geld?

Genau wie bei anderen Suchmaschinen kannst du dort suchgebunde-ne Werbeanzeigen schalten, sogenannte EcoAds. Diese werden über und neben den Suchergebnissen angezeigt. Sobald jemand auf die Anzeige klickt, wird er zu deiner Website geführt und für dich fallen Gebühren an. Die Verwaltung der Werbeanzeigen wird von Microsofts Suchmaschine Bing übernommen, die die Suchergebnisse und Werbeeinblendungen dort implementiert und die Plattform Bing Ads immer weiterentwickelt. Das Unternehmen zahlt Ecosia jeden Monat einen Teilbetrag der erwirt-schafteten Einnahmen aus. Dadurch hat Ecosia die Chance, sich ganz auf den wohltätigen Ansatz zu konzentrieren. Einen großen Teil der Gewin-ne, in der Regel mehr als 80 Prozent, spendet die Suchmaschine, um da-mit überall auf der Welt Bäume zu pflanzen. 2016 nutzen rund 2,5 Mil-lionen Menschen Monat für Monat Ecosia. Heute sind es schon über 60 Millionen.[92]

Bing: Die zweitbeliebteste Suchmaschine nach Google

Die Reichweite von Bing darf nicht unterschätzt werden. Bing ist auto-matisch in Windows 10 integriert und läuft somit auf über 200 Millionen Geräten. Auch Siri auf IOS benutzt Bing. Zusätzlich hat Microsoft viele weitere Kooperationen, zum Beispiel mit AOL oder Gumtree, einem On-line-Marktplatz aus Großbritannien. Dabei ist Bing nicht nur für die Such-ergebnisse zuständig, sondern auch für Suchmaschinenwerbung.

Bing Ads kann eine gute Ergänzung zu Google Ads sein, da der Markt-anteil immer weiter steigt. Auch wenn Google bei uns in Deutschland ei-nen Marktanteil von mehr als 90 Prozent hat, steht Bing direkt an zweiter Stelle. Microsoft veröffentlichte im August 2017 die aktuellen Zahlen. Rund 12 Prozent nutzen in der Bundesrepublik Bing. In den USA sind es sogar schon 33 Prozent.[93] Bestimmt fragst du dich, was der Vorteil ist, wenn du anstatt Google Bing benutzt. Bei Bing steht dir eine praktische Filterfunktion nach Datum zur Verfügung, und du siehst Hintergrund-bilder. Auch die News werden ansprechender dargestellt.

Werbung schalten bei Bing

Wenn du bei Bing Anzeigen schalten möchtest, verwendest du hierfür Bing Ads. Die Funktionsweise und Optik ähnelt den Google Ads. Der große Vorteil der Bing Ads ist, dass es bei vielen Keywords weniger Konkurrenz gibt als bei Google. Dementsprechend sind auch die Klickpreise günstiger. Eine große Stärke von Bing ist das Targeting, also die Auswahl der richtigen Zielgruppe. Diese ist wiederum essenziell für den Erfolg deiner Werbung.

Du kannst die Anzeigen ganz einfach mithilfe des Bing Ads Editors erstellen und verwalten. Mit dem Anzeigenvorschau-Tool kannst du deine Werbung nochmal überprüfen, bevor du sie schaltest. Der Bing-Keyword-Planer ist nützlich, um deine Keywords für Bing zu optimieren.

Äußerst praktisch ist die Bing-Ads-App, mit der du von unterwegs tracken kannst, wie erfolgreich deine Anzeigen sind. Auch andere KPIs (Key Performance Indikatoren) sind dort ersichtlich. Unter KPIs sind ausschlaggebende Punkte gemeint, die deine Anzeige beeinflussen, beispielsweise die Reichweite, die Anzeigedauer und die Zielgruppe. Du kannst damit auch Kampagnen aussetzen oder dein Werbebudget neu definieren.

Wie bei Google Ads zahlst du bei Bing erst, wenn wirklich jemand auf deine Anzeige klickt. Das bedeutet, dass das reine Schalten der Werbung kostenlos ist. Da Bing noch nicht so stark verbreitet ist, sind die Kosten pro Klick geringer. Dies ist insbesondere für dich als Gründer interessant. Es lohnt sich, wenn du es ausprobierst, Anzeigen bei Bing Ads zu schalten.

Teil 3
Auf die innere Einstellung kommt es an

Kapitel 12:
Werde Meister deiner Gedanken

»Ein Mensch ist das Produkt seiner Gedanken. Er wird, was er denkt.«[94]
– Mahatma Gandhi

Es gibt Erfolgsgesetzmäßigkeiten, die sich niemals ändern und uns langfristig quasi von alleine erfolgreich machen, genau wie die Erde durch die Gravitation oder die Fliehkräfte auf der Umlaufbahn zur Sonne gehalten wird. Zwar können wir diese Kräfte nicht sehen, wir spüren aber deren Auswirkungen. Damit du diese Gesetzmäßigkeiten wahrnimmst, ist es wichtig, gegenüber dir selbst und deiner Umwelt achtsam zu sein. Allerdings kann dieses Kapitel lediglich als Einstieg oder Wiederholung für bereits Erkanntes und Umgesetztes dienen. Allein mit diesem Thema könnte ich ein ganzes Buch füllen. Die neue Generation von Gründern möchte nicht einfach nur ein Unternehmen aufbauen, sondern trägt eine Vision in sich sowie den unbedingten Willen, etwas zum Guten zu ändern und einen Beitrag zu leisten.

Nur wenn du die richtige Einstellung im Kopf und Herzen trägst, kannst du ein nachhaltiges Unternehmen aufbauen. Dabei sind gewisse Charaktereigenschaften hilfreich. Es macht aber nichts, wenn dieses Mindset noch neu für dich ist, da du es automatisch entwickeln wirst. Momentan zählt allein dein Wille, ein Unternehmen zu gründen. Verschiebe diesen Zeitpunkt nicht auf morgen, sondern starte binnen der nächsten 72 Stunden. Ordne dich nicht bei den Konzeptionsriesen und Umsetzungszwergen ein, sondern gehe nach der Ideenfindung beherzt ans Werk, getreu dem Motto: »Einfach mal machen.« Ansonsten sinken die Chancen nämlich rapide, dass du Vorsätze umsetzt, und es erfolgt weder eine Veränderung, noch eine Transformation.

Beginne damit, deine Wahrnehmung auf alle Themen rund um das neue Gründen zu fokussieren. Was du denkst, ist lediglich ein Abbild der tatsächlichen Realität. Bestimmt ist dir schon einmal das Prinzip der selektiven Wahrnehmung begegnet. Angenommen, du möchtest dir eine neue Frisur schneiden lassen. Plötzlich begegnen dir viel mehr Menschen als früher, die exakt diesen Haarschnitt haben. Deine Aufmerksamkeit wandert automatisch dorthin, wo deine Gedanken sind. Genauso ist es, wenn du dich auf gewisse charakterliche Eigenschaften konzentrierst. Das retikuläre Nervensystem verstärkt die Themen, die in deinem Kopf präsent sind. Wenn du dich intensiv mit den Trends der Zukunft beschäftigst, werden dir die nächsten Wochen und Monate verstärkt Fachartikel und Bücher begegnen, die sich genau damit beschäftigen. Diese hervorragende Eigenschaft unseres Gehirns kannst du dir zunutze machen und mit einem völlig neuen Blickwinkel durch die Welt gehen.

Spannend ist auch das Thema Gesetzmäßigkeiten. Mittels der Schwerkraft lässt sich genau berechnen, wie schnell ein Gegenstand aus einer bestimmten Höhe zu Boden fällt. Darüber hinaus gibt es geistige Gesetze, die dir als Gründer weiterhelfen können. Nichts wird deine Persönlichkeit besser entwickeln als die Gründung eines Unternehmens. Warum denke ich das?

Wenn du ein Unternehmen gründest, übernimmst du Verantwortung. Jede deiner Handlungen hat Konsequenzen. Grundlage hierfür ist das Gesetz von Ursache und Wirkung. Was passiert, wenn Probleme auftauchen? Wenn dein Unternehmen langfristig erfolgreich am Markt bestehen soll, musst du sie lösen. Mit der erworbenen Kompetenz entwickelst du dich weiter und löst andere Probleme. Es wird immer Schwierigkeiten geben, mit denen du nicht rechnest und noch nie zu tun hattest. Doch genau darin liegt ein enormes Potential für die Weiterentwicklung deiner Persönlichkeit. Egal, wie schwierig es wird: Gib nicht auf, sondern finde eine Lösung. Konzentriere dich darauf, wie gut du dich fühlen willst, wenn du das Problem gelöst hast. Mit einem Unternehmen entwickelst du deine Fähigkeiten fortlaufend weiter.

Warum es keinen Sinn macht, Geld gegen Zeit zu tauschen

Was bedeutet es für dich, erfolgreich zu sein? Überprüfe deine Erfolgsdefinition auf Äußerlichkeiten. Natürlich macht es Spaß, einen schnellen Wagen zu fahren, aber lohnt es sich, dafür so viel Geld auszugeben? Der Wert sinkt direkt nach dem Kauf erheblich. Bist du erfolgreich, wenn du Karriere machst? In diesem Fall machst du dich sehr von außen abhängig. Es kann immer passieren, dass ein Inhaberwechsel stattfindet oder Abteilungen geschlossen werden. Erfolg hat weder etwas mit Hierarchien und Personal noch etwas mit Strukturen zu tun. Bestandteil des Wortes »Erfolgreich« ist »reich«. Reich ist, wer frei und unabhängig ist.

Nimm dir eine kleine Auszeit, lass die Herde an dir vorbeilaufen, und denke darüber nach, wie das Spiel wirklich funktioniert. Wie reagieren die Menschen in deinem Umfeld auf deinen Wunsch, ein Unternehmen zu gründen? Willst du dir von der Gesellschaft, deinen Eltern oder deinen Freunden sagen lassen, nach welchen Regeln du leben sollst? Und nach welchen Regeln leben überhaupt die Skeptiker und Kritiker um dich? Sind das erfolgreiche Unternehmer oder Angestellte?

Angestellt zu sein, sollte immer nur ein Mittel zum Zweck sein, beispielsweise, um dir nebenbei ohne finanziellen Druck dein eigenes Unternehmen aufzubauen oder als Investor eine gute Bonität zu haben, um zu investieren. Mehr dazu kannst du in meinem Buch *Entspannt in Immobilien investieren* lernen. Wenn du merkst, dass deine Geschäftsidee erfolgreich ist, kannst du die Stunden immer weiter reduzieren und irgendwann ganz aufhören.

Das Schlimmste ist, wenn du deinen Job als etwas Schlechtes ansiehst. Sieh ihn besser als Sprungbrett in deine neue Zukunft. Eventuell lernst du ihn sogar lieben. Dies ist der erste Schritt, um dem Standardleben zu entkommen, das die Mittelschicht in Hülle und Fülle lebt. Arbeiten gehen, Karriere, Kinder, Haus und mit 67 Jahren in Rente gehen. Die meisten Menschen haben ihren spirituellsten Moment kurz vor dem Tod. Erst dann merken sie, welch kostbares Gut das Leben war, und ärgern sich darüber, dass sie es nicht mehr wertgeschätzt haben. Du gibst dem Leben Wertschätzung, indem du mutig bist, auf deine innere Stimme hörst und dein bestes Leben lebst. Willst du wirklich Teil der Masse sein? Viele Menschen der Generation Y haben zu Recht ein Problem damit, sich in die bisherigen Konventionen pressen zu lassen. Mit diesem Buch hältst du den Schlüssel zu einem anderen Leben in den Händen. Baue dir langfristig etwas mit Wert auf.

Dieses Buch soll dir helfen, die Augen für zukünftige Trends zu öffnen und dein Unternehmen vor der Welle zu gründen. Im Moment (Stand 2018) beschäftigen sich in Deutschland erst 106 Unternehmen mit dem Thema KI.[95] Gehen wir zu den Anfängen des kommerziellen Internets Ende 1980 zurück. Stell dir vor, du hättest damals die Chance ergriffen, ein Internetunternehmen aufzubauen. 1994 wurde Amazon gegründet, in einer Zeit, in der kaum jemand eine Website programmieren konnte und es noch keine Fulfillment-Anbieter gab. Wenn du dir die erste Amazon-Seite anschaust, läuft es dir wahrscheinlich kalt über den Rücken. Selbst die großen Player haben klein angefangen. Auch du kannst mit deinem Unternehmen groß werden. Damals glaubten nur wenige Menschen an die Zukunft des Internets. Heute ist ein Leben ohne nicht mehr vorstellbar. Das Thema KI wird sämtliche Branchen verändern, inklusive dem Internet. Da die Technologien noch nicht ausgereift sind, können die Karten hier völlig neu gemischt werden. Ich empfehle dir dazu das Buch von Brad Stone: *Der Allesverkäufer: Jeff Bezos und das Imperium von Amazon.*

Erweitere deine Komfortzone

Wir Menschen fühlen uns sicher, wenn wir uns in einem vertrauten Umfeld bewegen. Hier besteht jedoch die große Gefahr, das Leben zu verpassen. Die wichtigste Eigenschaft, um ein Unternehmen zu gründen, ist Mut. Mut erhöht die Chance, ein erfülltes Leben zu führen. Zudem lässt sich Angst nur mit Mut besiegen. Treffe keine Entscheidungen, die auf Angst basieren. Zu groß ist die Wahrscheinlichkeit, dass du eine Fehlentscheidung triffst. Du kannst es mit deinem ersten Sprung vom 10-Meter-

Turm vergleichen. Springst du entschlossen herunter und landest wohlbehalten im Wasser, oder wird der Sprung vor lauter Angst und Zögern eher ein Bauchklatscher? Es gibt zudem einen Unterschied zwischen sozialer Angst und natürlicher Angst. Wenn du vor einer steilen Klippe stehst, ist es gut, wenn du deinen Instinkten traust und dich nicht zu nah an den Abgrund wagst, denn diese natürliche Angst schützt dich vor lebensbedrohlichen Situationen. Sich jedoch ehrlich einzugestehen, dass man unwissend ist, ist die beste Voraussetzung, um mit neugierigen Augen durch die Welt zu gehen.

Wie dich Ziele unterstützen können

Nur wenn du ein klares Ziel vor Augen hast und deine Energie auf einen gewissen Punkt richtest, bist du in der Lage, zu Unwichtigem Nein zu sagen. Sowohl Bill Gates als auch Warren Buffet haben als persönliches Erfolgsrezept Fokussierung angegeben.[96] Aber auch Steve Jobs verfügte über diese Eigenschaft und reduzierte Ende der 90er rigoros die Produktpalette von Apple. Dies hatte den Vorteil, dass sich die Designer, Entwickler und Ingenieure auf die Entwicklung von wenigen, dafür aber richtig guten Produkten fokussieren konnten.

In Bezug auf das Gründen solltest du Folgendes beherzigen:

1. Dein oberstes Ziel darf ruhig sehr groß sein, weil es dir bei Hindernissen und Hürden hilft, das große Ganze im Auge zu behalten. Plane bei allem Realismus ruhig ein Wunder. Warum ist dies so wichtig? Wenn du dein Lebensziel erreicht hast, kann es sein, dass dir auf einmal der Sinn im Leben fehlt. Habe stets weitere Schritte im Hinterkopf, die du noch erreichen möchtest.
2. Untergliedere dein Oberziel in Teil- und Unterziele. Somit kannst du zu jeder Zeit überprüfen, ob du noch auf dem richtigen Weg bist. Auch ein grober Zeitrahmen, bis wann du die einzelnen Unterziele erreichen möchtest, ist sinnvoll. Plane besser Aktivitäten als Ergebnisse.

3. Versetz dich so gut es geht in den Gefühlszustand, den du haben wirst, wenn du das Ziel eines Tages erreicht hast. Wie geht es dir damit? Wer bist du, wenn du es erreicht hast? Weshalb willst du es überhaupt erreichen? Unterschätze niemals deine mentale Power beim Erreichen von Zielen.
4. Beschäftige dich nun damit, wie du das Ziel erreichen kannst.
5. Welche Hindernisse gibt es? Was hält dich ab, sofort loszulegen?

Interessante Impulse findest du auch im Buch *The Big Five For Life* von John Strelecky. Die Zielsetzung ist allerdings lediglich der erste Schritt, bevor die eigentliche Arbeit beginnt. Nun geht es um eine strategische Planung und eine smarte Umsetzung. Damit du die wichtigsten Kennzahlen in deinem Unternehmen kennenlernst, empfehle ich dir, einen Testballon zu entwickeln. Wenn du beispielsweise eine App realisieren möchtest, könnten wichtige Kennzahlen unter anderem sein, dir einen Kostenvoranschlag einzuholen, App-Entwickler zu akquirieren und dich mit der Preisgestaltung zu beschäftigen. Erst wenn du das notwendige Wissen und die Zahlen hast, kannst du einen Plan aufstellen. Setze den Aufwand ins Verhältnis zu deinem Ziel und nimm eventuell Anpassungen vor. Vergiss nicht, eine Lernkurve einzuplanen. Je mehr Erfahrung du hast, desto weniger Zeit und Energie musst du dafür aufwenden. Fasse deine aktuellen Zahlen in einer Statistik zusammen und gleiche sie stetig mit deinen Zielen ab.

Von innen nach außen und umkehrt

Was hat Kampfkunst mit Gründen zu tun? Nur weil du weißt oder gesehen hast, wie ein perfekter Schlag funktioniert, kannst du ihn noch lange nicht durchführen. Wir unterscheiden hier zwischen Wissen und Körperbewusstsein. Es reicht nicht, wenn du in der Theorie weißt, wie Gründen funktioniert oder wie du den schnellsten und stärksten Schlag ausführen kannst. Es sind unzählige Stunden Training nötig, bis du ihn wirklich perfekt gemeistert hast oder im übertragenen Sinne weißt, wie du beispielsweise Kunden akquirierst und Mitarbeiter einstellst. Es kann auch sein, dass du dir zunächst gewisse Körperbewegungen oder Gewohnheiten abtrainieren musst, beispielsweise das späte Aufstehen, dass du jahrelang praktiziert hast. Du kannst nicht erwarten, sofort alles richtig zu machen. Gib dir Zeit und plane Fehler mit ein. Jede Transformation benötigt ihre Zeit.

Viele Menschen geben zu schnell auf. Stell dir vor, du versuchst seit Wochen, ein Problem zu lösen, und es gelingt dir einfach nicht. Du beschließt, aufzugeben. Hättest du jedoch noch drei weitere Tage investiert, hättest du es lösen können. Du weißt nie, wie kurz du vor der Lösung bist. Wenn du dich entscheidest, ein Unternehmen zu gründen, musst du es auch durchziehen und nicht beim geringsten Widerstand aufgeben. Oftmals ist Erfolg nämlich eine Überwindungsprämie. Vielleicht hast du das Buch *Denke nach und werde reich* von Napoleon Hill gelesen. In diesem Klassiker erzählt er von einer versiegenden Goldader. Frustriert verkauft der Arbeiter sein komplettes Equipment, während ein anderer Arbeiter an verschiedenen Stellen weitere Messungen vornimmt. Als er merkt, dass sein Messgerät anspringt, kauft der dem anderen die komplette Ausrüstung kostengünstig ab und wird reich. Hab Geduld und bleibe dran. Frage dich immer, was dich ein Abbruch an späterer Stelle kosten wird, beispielsweise an Zeit, Geld und Opportunitätskosten. Wenn du bei Schwierigkeiten vorschnell aufgibst, hast du sämtliche Zeit, Mühe und Geld umsonst investiert.

Bevor du ein Projekt startest, solltest du dich fragen, was du willst und wie du es umsetzen kannst. Lieber entscheidest du dich letztendlich dagegen und sparst dir die unangenehmen Konsequenzen eines Ausstiegs aus deiner Firma. Mache dir klar, bis zu welchem Punkt du aus deinem Projekt aussteigen kannst, ohne dass der »Point of no return« erreicht ist. Wenn du etwas anfängst, solltest du es auch beenden. Diese Grundsätze sollten bestehende Unternehmen eigentlich verstanden haben.

Beispiele für das kostenintensive Scheitern von Projekten

So hat beispielsweise Lidl gemeinsam mit SAP über einen Zeitraum von sieben Jahren an der Einführung eines neuen SAP-Warenwirtschaftssystems gearbeitet. Mehr als eine halbe Milliarde Euro hat das Unternehmen investiert, bevor das Projekt gestoppt wurde. Geplant war die Überwachung der immer komplexeren Geschäftsvorgänge sowie die Steuerung der Filialen, des Einkaufs und der Logistik. Das SAP-System sollte dabei von mehr als 100 IT-Spezialisten explizit an die Bedürfnisse von Lidl angepasst werden. Nachdem die Software in kleinen Filialen weltweit eingeführt wurde, zeigte sich, dass sich das SAP-System nicht für umsatzstarke Länder eignet.[97] Die Weiterentwicklung wäre dem Konzern schlichtweg zu teuer gekommen, weshalb nun das bisherige Warenwirtschaftssystem weiterentwickelt wird. Definitiv ein kostspieliger Irrtum!

Lidl ist nicht das einzige Unternehmen, das Fehlentscheidungen trifft. Im Jahr 2015 hatte die Deutsche Post hohe Verluste zu verzeichnen, weil die Einführung des IT-Systems »New Forwarding Environment«, kurz NFE, gescheitert ist. Weltweit waren sowohl SAP als auch IBM im Einsatz, um das Programm einzurichten. Da es extrem fehleranfällig war, wurde im Sommer 2016 verkündet, dass keine individualisierten SAP-Module mehr implementiert werden. Auch hier soll eine Summe von etwa 500 Millionen Euro verbrannt worden sein. Gründe für das Scheitern des Projektes sind unter anderem die veraltete und heterogene IT-Landschaft des Unternehmens. Bis 2020 befindet sich die IT der Deutschen Post in einer Umbauphase.[98]

Auf welchen Ebenen können Veränderungen stattfinden?

Viele Menschen mögen keine Veränderungen und sind sehr skeptisch gegenüber Neuem. Erwarte also nicht, dass dein Vorhaben im Freundeskreis und der Familie direkt auf Anerkennung stößt. Suche dir am besten Weggefährten, die bereits ein erfolgreiches Unternehmen haben und wissen, welche Herausforderungen zu meistern sind. Es ist wichtig, dass du Menschen um dich hast, die dir Anerkennung und Respekt zollen. Tausche dich mit anderen Gründern aus, und hole dir wertvolle Tipps und Tricks. Prüfe, mit welchen fünf Menschen du die meiste Zeit verbringst. Ein Sprichwort sagt, dass diese fünf dich widerspiegeln.

Vision und Sinn

Was willst du wirklich? Wofür steht dein Unternehmen? Was ist deine Bestimmung? Beschäftige dich mit diesen Fragen und notiere die Antworten schriftlich.

Identität

Tony Robbins hat den wichtigen Ausspruch geprägt: »Du bist unangreifbar.« Sei dir deiner Selbst bewusst und verliere niemals den Glauben an dich.

Überzeugungen und Werte

Was sind deine Überzeugungen? Nach welchen Werten möchtest du dein Unternehmen führen? Für mich ist beispielsweise das Prinzip »Win-Win oder kein Geschäft« entscheidend. Ich lebe nach der Devise, möglichst niemandem zu schaden und sich gegenseitig zu respektieren. Finde deine persönlichen Überzeugungen und versuche stets, danach zu streben, selbst wenn du das Ideal nicht erreichst. Als Lektüre empfehle ich dir *Die 7 Wege zur Effektivität* von Steven R. Covey.

Konflikte

Auch im Geschäftsleben solltest du Konflikte lösen. Sie rauben dir unnötig Energie und belasten dich. Im schlimmsten Fall können sogar Krankheiten daraus entstehen. Beschäftige dich mit dem Thema Konfliktmanagement und integriere es in deinen Alltag. Im NLP (Neuro-Linguistisches Programmieren) gibt es dazu einen hilfreichen Leitsatz: Sei dir bewusst, dass niemand aus einer schlechten Absicht heraus handelt oder das Ziel hat, anderen aktiv zu schaden.[99] Was sind die größten drei Konflikte in deinem Leben? Wenn du diese lösen möchtest, empfehle ich dir folgende Methode:

1. Frage dich, ob der andere stark genug und bereit ist für eine Aussprache.
2. Versetze dich in den Zustand, in dem die Situation oder die Beziehung zu einer anderen Person einmal gut gewesen ist und halte dir vor Augen, dass niemand die Absicht hat, dir zu schaden. Konflikte entstehen meist durch eine vorherige Verletzung.

3. Du hast einem Menschen Leid zugefügt? Egal, ob es mit Absicht oder aus Versehen war: Erkenne es an. Sage ihm, dass es nicht deine Absicht war und es dir leidtut. Wichtig ist, dass du wirklich verstehst, wie es dazu gekommen ist. Wenn du es nicht ehrlich anerkennst, merkt der andere das.

Erinnere dich an diese Geisteshaltung zurück, wenn sich dein Ego meldet. Negative Energien schaden demjenigen am meisten, der sie in sich hat. Wenn du verletzt wurdest, bringt es dir am meisten, wenn du auf die Person zugehst und es ausspricht und auflöst. Springe über deinen Schatten und nimm eine überpersönliche Ebene aus der Vogelperspektive ein. Frage dich, wie du über jemanden denken würdest, der sich gerade so verhält wie du. Wenn dir das schwerfällt, kannst du dir beispielsweise einen versierten Coach nehmen, der darauf spezialisiert ist, Konflikte professionell zu lösen. Diese Herangehensweise hilft dir auch bei der Mitarbeiterführung deines späteren Unternehmens. Konflikte gehören zum Leben dazu. Umso besser, wenn du eine Methode hast, wie du diese auflösen kannst. Dadurch werden sich viele Situationen mit Menschen vereinfachen.

Fähigkeiten
Hierzu zählen Bücher, Weiterbildungen, Workshops, Onlinekurse usw. Diese Maßnahmen sind wichtig, entfalten aber langfristig nicht die gleiche Kraft wie die vorherigen Ebenen.

Verhalten
Unser Verhalten spiegelt sämtliche Ebenen darunter wieder und wird auf der Umgebungsebene von anderen Menschen wahrgenommen und gespiegelt.
Du benötigst Geduld, wenn du eine Veränderung erzielen möchtest. Um die erfolgversprechenden Muster zu erkennen, ist stetige Wiederholung nötig. Behalte dabei das Pareto-Prinzip im Hinterkopf. Das Prinzip, welches auf Vilfredo Pareto zurückzuführen ist, besagt, dass 80 Prozent des Ergebnisses einer Tätigkeit mit 20 Prozent des Arbeitsaufwandes erreicht werden können, während die übrigen 20 Prozent des Ergebnisses

80 Prozent des Arbeitsaufwandes verschlingen.[100] Dieses Prinzip lässt sich auf unzählige Bereiche anwenden und auch auf die Gründung eines Unternehmens. Konzentriere dich bewusst auf die 20 Prozent, die für 80 Prozent deines Erfolges verantwortlich sind. Ein Unternehmen aufbauen heißt, in einer finanziellen und zeitlichen Engpass-Situation die richtigen Prioritäten zu setzen. Um erfolgreich zu sein, ist es unabdingbar, dir diese Fähigkeit anzueignen. Setze deinen Fokus insbesondere auf die unsichtbaren Ebenen wie Konflikte, Werte, Visionen und Überzeugung.

Kapitel 13:
Die Keimster-Story

Am Ende dieses Buches möchten wir dir noch einmal anhand unserer eigenen Unternehmensgeschichte zeigen, wie wichtig es ist, am Ball zu bleiben und die postive Einstellung nicht zu verlieren, um letzten Endes erfolgreich zu sein. In seinem ersten Buch *Das Feierabend-Startup* hat Erik erklärt, wie er von einer seiner ersten Firmenbeteiligungen, außerhalb unseres Teams, die ehemalige Firma YourBioBrands gekauft und dieses Geschäftsmodell weiterentwickelt hat.

Schnell hat sich gezeigt, dass die Teamkonstellation so nicht funktioniert. Sowohl das ursprüngliche Konzept, als auch die Menschen im Unternehmen mussten ausgewechselt werden. Heute erzähle ich, Michael, aus meiner Perspektive, wie ich diesen Wandel wahrgenommen habe und wie wir die Firma auf das nächste Level gebracht haben.

Ich weiß noch genau, wie Erik, Paul und ich eines Tages auf dem Weg zum Mittagessen waren. Erik erzählte, wie es um YourBioBrands steht und dass es so nicht mehr weitergehen könne. Für ihn stand fest, dass die monatliche Überraschungsbox mit den drei verschiedenen Angeboten vegan, vegetarisch und glutenfrei eingestampft werden muss. Zu diesem Zeitpunkt hatte ich gerade meine Ausbildung bei der BSA-Akademie, die zur Deutschen Hochschule für Prävention & Gesundheitsmanagement und somit zu den führenden Bildungsanbietern im Bereich Prävention, Gesundheit und Fitness gehört, abgeschlossen.

Außerdem hatte ich damit begonnen, mich mit den Themen Vegetarismus und Veganismus auseinanderzusetzen. Somit war ich äußerst interessiert, wie es mit YourBioBrands weitergehen sollte. Trotz aller Euphorie war ich anfangs sehr skeptisch, ob wir das Ruder nochmal herumreißen konnten, schließlich musste sehr viel umgebaut werden. Es gab unzählige Probleme zu bewältigen. Zudem war die Firma massiv unterfinanziert. Die Gesellschafter mussten permanent Eigenkapital investieren, weil die Umsätze schlichtweg zu niedrig waren. Trotz aller Skepsis haben wir in einem größeren Team beschlossen, das Unternehmen zu behalten, aber das Konzept umzustellen. Anstatt drei wollten wir nun nur noch eine vegane Überraschungsbox anbieten. Diese sollte rein vegan und aufgrund meines Know-hows im Bereich Ernährung, Kraft- und Cardiosport am Thema Fitness orientiert sein. Als erstes musste ich mir den Onlineshop vornehmen, das Herzstück eines eCommerce-Geschäftsmodells. Hier konnte ich viel Erfahrung sammeln, welche Probleme beim Programmieren auf einen zukommen können.

Oftmals sind ausführliche Überlegungen erforderlich, wie die Logistik und die Customer Experience technisch umgesetzt werden können, weil man alles gleichzeitig im Blick behalten muss. (Im Buch *Das Feierabend-Startup* wird übrigens detailliert am Beispiel unseres eigenen Falls beschrieben, wie du deinen eigenen Onlineshop programmieren kannst.)

Die Umstellung war nach wenigen Monaten vollzogen. Blogartikel wurden verfasst und auch einige Kooperationen mit Magazinen an Land gezogen. Was aber stetig blieb, war dieses Gefühl, nicht fertig zu sein. Irgendetwas hat noch nicht gestimmt. Zudem war die Nische so speziell, dass das neue Konzept nicht aufgegangen ist. Außerdem hat sich die vegane Fitnessbox trotz der Interessenüberlappung mit meiner Person unstimmig angefühlt. Alle im Team haben das Gleiche gedacht.

Durch einige Zufälle kamen wir auf das Thema »Ankeimen von Getreide«. Wir wussten, wie gesund gekeimte Saaten sind, und haben uns gleichzeitig über das extrem kleine und sehr teure Angebot in ausgewählten Bioläden geärgert. Als ich Ende 2016 in Kalifornien war, habe ich festgestellt, wie verbreitet dort gekeimte Produkte bereits sind. Von Sprouted Müsli, Sprouted Bread, Sprouted Noodles bis hin zu Sprouted Taco Chips gab es in der riesigen Bio Supermarktkette Whole Foods im ganzen Bundesstaat ein großes Angebot. Nachdem ich zurück in Deutschland war, ging es relativ schnell. Wir hatten glücklicherweise einen sehr guten Kontakt in der Ernährungsszene, der selbst äußerst gut vernetzt ist und die Treffen mit den Produzenten organisiert hat.

Heute weiß ich, wie schwer es insbesondere im B2B-Bereich ist, neue Kontakte zu recherchieren. Was praktisch die ganze Zeit vor deiner Nase scheint, ist doch unerreichbar für dich, weil du schlichtweg nicht weißt, welcher Partner genau zu deiner derzeitigen Situation und deinen Wünschen passt. Selbst Plattformen wie »Wer liefert was« helfen oftmals nicht weiter. Dies wäre beispielsweise auch eines der grundlegenden Probleme, die für dich eine gute Möglichkeit bieten, um eine Lösung zu entwickeln. Letztendlich ist es ein bekanntes, entscheidendes Problem, Menschen mit Menschen zu vernetzen, bei denen die Relevanz und der Nutzen in der Gegenwart am höchsten ist.

Doch zurück zu unserem Fall. Unsere Geschäftsidee stand schnell fest. Wir wollten eine nachhaltige Verpackung, und die Rohstoffe sollten mindestens dem EU-Bio-Standard entsprechen. Zudem entschieden wir uns für das Drop-Shipping, also den Direkthandel. Wir konnten mit dem Produzenten vereinbaren, dass die Ware nicht erst quer durch die Republik in unser Lager transportiert wird, sondern er stattdessen das fertige Produkt direkt zu unserem Kunden schickt.

Zu Beginn wollten wir unseren Kunden das gekeimte Bio-Müsli für unter 15 Euro anbieten. Allerdings sind unsere Preise flexibel und orientieren sich an den Rohstoffkosten. Bis heute wollen wir die Preisvorteile durch höhere Mengen an unsere Kunden weitergeben. Da Konsumenten manchmal denken, dass niedrige Preise gleichzeitig schlechte Qualität bedeuten, mussten wir uns etwas einfallen lassen.

Warum nicht einfach die Kalkulation der Preise offenlegen? Dadurch sehen unsere Kunden, dass die Produktionskosten etwa 80 Prozent des Preises ausmachen. Bei normalen Müslis betragen diese ungefähr 1/5 des Verkaufspreises. Um ein gekeimtes Müsli für weniger als 15 Euro anzubieten, können wir keine standardisierten Marketinginstrumente verwenden. Allerdings erreicht uns bereits jetzt eine erhebliche Nachfrage von Zeitschriften und Blogs, die über uns berichten möchten.

Anfangs hatten wir bei Keimster nur eine Sorte Müsli. Beinahe ein Jahr ist dies auch so geblieben. Bedenke, dass es extrem lange dauert, bis du neue Ideen umsetzen kannst, wenn du mit Produzenten zusammenarbeitest. Meistens bist du nicht der einzige Kunde und gerade am Anfang machst du wahrscheinlich einen eher kleinen Teil des Umsatzes aus. Aus diesem Grund stehst du auf seiner Prioritätenliste nicht gerade oben. Nicht ohne Grund lässt Elon Musk große Teile von Tesla in Kalifornien produzieren.[101] Dort werden zwar höhere Kosten als bei Outsourcing in Niedriglohnländer fällig, aber die Vorteile liegen aufgrund der schnellen Umsetzung und Entwicklung neuer Produktinnovationen auf der Hand. Dies ist ein entscheidender Vorteil, der Tesla einen Vorsprung gegenüber den Mitstreitern verschafft hat.

Als wir mit Keimster begonnen haben, hatten wir zunächst Bedenken wegen der für uns optimalen Größe von 2,5 Kilogramm je Packung. Im Proof of Concept haben wir mithilfe eines Fragebogens knapp tausend Menschen zu unserem Konzept befragt. Viele antworteten uns, dass die Packungseinheit zu groß sei. Zum Glück wurde sie in der Realität dennoch gut angenommen. Ich musste systemseitig recht viele Änderungen vornehmen, beispielsweise, dass auch mehrere Pakete Müsli auf einmal bestellt werden können. Das hat die Logistik komplett auf den Kopf gestellt.

Ein weiterer Punkt, der bei Keimster nicht praktikabel war, war der komplette Verzicht auf ein Marketingbudget. Wir wollten ursprünglich komplett darauf verzichten, das Müsli zu bewerben, um es günstiger anbieten zu können. Leider blieben die anfänglich kalkulierten 2000 Bestellungen pro Monat aus, und wir mussten uns nach einem halben Jahr etwas einfallen lassen. Durch unser transparentes Geschäftsmodell und die offene Kommunikation erhofften wir uns, dass Influencer, die Presse und Blogs kostenfrei über uns berichten – immerhin war unsere Kalkulation einsehbar. Auch wenn es durchaus einige Berichterstattungen gab, haben diese leider nicht ausgereicht, um die benötigte Bestellmenge zu erreichen. Heute setzen wir auf einen Marketing-Mix. Wir wollen kein unnötiges Geld für Kanäle verschwenden, die unsere Zielgruppe nicht erreichen. Letztendlich habe ich bei Facebook eine Werbeanzeige geschaltet, die über 150 Mal geteilt, über 12 000 Mal gelikt und mehr als 600 Mal kommentiert wurde (s. »Facebook Ads« in Kapitel 11).

Mittlerweile gibt es Keimster seit über einem Jahr, und wir können inzwischen ein positives Resümee ziehen. Zum anfänglichen Basismüsli sind 12 weitere Produkte dazu gekommen, darunter auch exotische Produkte wie gekeimte Cashewkerne. Unsere monatlichen Nutzerzahlen haben sich von 1000 auf 10 000 Unique Visitors pro Monat erhöht. Wir haben ein B2B-Portal entwickelt, mit dem sich Bioläden anbinden und zu Einkaufspreisen bestellen können. Wir sind außerdem mit Lieferanten im Gespräch, die Keimster-Produkte in verschiedenen Biosupermärkten listen möchten. Auch neue gekeimte Produkte sind in Planung. Dennoch ist Keimster noch lange nicht dort, wo es einmal sein soll.

Du sollst mit diesem kleinen Einblick in unsere Firmengeschichte lediglich ein Gefühl dafür bekommen, dass wir zwar noch immer am Anfang stehen, aber auch schon einen kleinen Weg zurückgelegt haben.

Du kannst das Gleiche schaffen! Du sollst nicht das Gefühl haben, dass du meilenweit davon weg bist, wie ich das oftmals beim Lesen von anderen Gründerstorys bekommen habe. Ich habe mich oft gefragt, wie die anderen wirklich angefangen haben und wie ihre Zahlen waren. Hatten sie im Background große Investoren, oder hatten sie nur zur richtigen Zeit die richtige Idee? Und funktioniert heutzutage das Gründen noch genauso wie damals? Dass dies nicht mehr in allen Belangen der Fall ist, haben wir dir in diesem Buch gezeigt und dir hoffentlich genug Anreize und Tipps gegeben, damit du als Gründer von Morgen einen guten Start hast.

Es kann gut sein, dass du dich jetzt fragst, ob wir wichtige Voraussetzungen wie Geld, ein Studium oder Intelligenz vergessen haben. Keiner dieser Punkte ist nötig, um ein erfolgreiches Unternehmen zu gründen. In der Regel können erfolgreiche Menschen klar benennen, welche Eigenschaften in ihren Augen die Grundvoraussetzungen für Erfolg sind. Es sollte dich stutzig machen, wenn du als Antwort lediglich schwammige Rechtfertigungen bekommst. Erfolgreich bist du, wenn du deine Ziele kennst und alles daran setzt, diese zu erfüllen. Neben Disziplin und Hartnäckigkeit ist auch Konzentrationsfähigkeit eine Schlüsseleigenschaft. Was bedeutet das für dich? Erfolgreich wirst du, wenn du dich fokussieren kannst und dir über deine Ziele im Klaren bist. Je konkreter du diese benennen kannst, desto besser!

Schlusswort

Du hast es geschafft und gleichzeitig nicht geschafft. Zwar hast du die Lektüre erfolgreich beendet, aber wir nehmen an, dass deine Firma noch nicht steht. Aus unserer Sicht wartet eine der spannendsten Zeiten deines Lebens auf dich. Wer weiß, was aus deiner Geschäftsidee entsteht. Steve Wozniak war Vollzeit-Ingenieur bei HP und arbeitete nebenberuflich bei Apple. Seine Freunde mussten ihn dazu überreden, seine Stelle aufzugeben und voll bei Apple einzusteigen. Versetzen wir uns in die Lage von Steve Wozniak: Hätte er gezögert, wenn er von Anfang an gewusst hätte, was aus Apple entsteht? Wohl kaum. Es ist wichtig, dass du den ersten Schritt wagst und jetzt dein Unternehmen gründest. Keiner weiß, wohin die Reise geht. Trau dich, und gib deinem Leben möglicherweise eine ganz andere Richtung. Die Welt wartet auf deine Lösungen, deine Produkte und Ideen. Denn wir alle können mehr, als wir uns heute zutrauen. Menschen sind zu erstaunlichen Dingen fähig. Wenn auch du das Gefühl hast, einen Entdecker und Abenteurer in dir zu haben, wird es Zeit, deine Geschäftsidee in die Tat umzusetzen.

Finde etwas, das du liebst, und du musst nie wieder arbeiten :)
Erik und Michi

PS.: Wir wollen uns hier nochmals ausdrücklich bei allen Menschen bedanken, die uns bei diesem Mammut-Projekt unterstützt haben. Insbesondere möchten wir uns bei Sandra Sauter für die außerordentliche Mitarbeit und Leistung an diesem Buch bedanken. Danke auch an alle anderen, die uns entbehren mussten, während wir an diesem Buch gearbeitet haben. Es hat sich gelohnt, wenn es dir als Ausgangsbasis für eine neue, bessere und stimmigere Zukunft dient.

Über die Autoren

© privat

Erik Renk, Gründer der Diamond Academy und von einfachstartup.de, rief sein erstes Unternehmen bereits im Alter von 19 Jahren ins Leben. Seitdem hat er durch die Gründung verschiedener Start-ups und den Kauf und Verkauf von Unternehmen viel Erfahrung gesammelt. Diese gibt er über sein Unternehmen wie auch seinem Blog an alle, die eine Existenzgründung planen, weiter.

Michael Gebhardt konnte in über sieben Jahren nebenberuflicher Selbstständigkeit und mehr als drei Jahren hauptberuflicher Selbstständigkeit viele unternehmerisch wertvolle Erfahrungen sammeln. Mit seiner Firma Keimster vertreibt er hochwertige und erschwingliche Lebensmittel. In seinem Daily Business entwickelt er darüber hinaus Marketing-Konzepte, die einen wirklichen Mehrwert für den Kunden haben und treibt die Entwicklung fortschrittlicher Technologien im Bereich Costumer-Experience voran.

© privat

www.einfachstartup.de

Anhang

1 https://www.rolandberger.com/de/press/Start-ups-sind-die-wichtigsten-Innovatoren-f%C3%BCr-K%C3%BCnstliche-Intelligenz-%E2%80%93-Europa-m.html

2 Tim Ferris, *Die 4-Stunden-Woche*, S. 41.

3 https://www.spektrum.de/news/maschinenlernen-deep-learning-macht-kuenstliche-intelligenz-praxistauglich/1220451

4 https://www.rolandberger.com/de/press/Start-ups-sind-die-wichtigsten-Innovatoren-f%C3%BCr-K%C3%BCnstliche-Intelligenz-%E2%80%93-Europa-m.html

5 http://deacademic.com/dic.nsf/dewiki/874318

6 https://www.softbankrobotics.com/emea/en/press/news/mitsubishi-bank-welcomes-nao

7 https://www.welt.de/vermischtes/article170106321/Roboter-Sophia-bekommt-saudi-arabischen-Pass.html

8 https://www.handelsblatt.com/unternehmen/industrie/spotmini-boston-dynamics-will-roboter-hund-2019-zum-verkauf-anbieten/21493056.html?ticket=ST-7539465-dtcfdupAYrmRwzedTaT3-ap4

9 https://www.nytimes.com/2010/06/20/magazine/20Computer-t.html

10 https://www.deutschlandfunknova.de/beitrag/versicherung-in-japan-statt-angestellten-rechnen

11 https://www.heise.de/newsticker/meldung/Kuenstliche-Intelligenz-AlphaGo-Zero-uebertrumpft-AlphaGo-ohne-menschliches-Vorwissen-3865120.html

12 https://www.giga.de/unternehmen/tesla-motors/news/tesla-verbietet-taxifahrern-den-autopiloten-zu-aktivieren/

13 https://www.welt.de/sonderthemen/noahberlin/article165739463/An-den-meisten-Unfaellen-sind-Menschen-schuld.html

14 https://de.mathworks.com/discovery/deep-learning.html

15 https://www.golem.de/news/sprachassistent-google-assistant-fragt-per-telefon-nach-1805-134292.html

16 https://t3n.de/news/digitale-sprachassistenten-vergleich-1072976/

17 https://www.vodafone.de/featured/inside-vodafone/alexa-und-tobi-beraten-dich-jetzt-im-vodafone-kundenservice_cv/

18 https://motherboard.vice.com/en_us/article/8x5vqx/how-a-matchmaking-ai-conquered-and-was-exiled-from-tinder

19 https://www.stern.de/digital/online/facebook-erkennt-jetzt-ihr-gesicht---das-muessen-sie-dazu-wissen-7881918.html

20 https://t3n.de/news/superintelligenz-ki-ai-787316/

21 https://www.zeit.de/digital/internet/2016-08/kuenstliche-intelligenz-geschichte-neuronale-netze-deep-learning/seite-2

22 https://www.giga.de/extra/5g/

23 http://www.leben-auf-dem-land.de/seite-2.html

24 https://www.deutschlandfunk.de/das-erste-auto-fuer-jedermann.871.de.html?dram:article_id=126330

25 https://www.pc-magazin.de/ratgeber/konrad-zuse-der-erfinder-des-computers-wird-100-821402.html

26 https://www.golem.de/news/hausautomatisierung-google-nest-kommt-in-deutsche-wohnzimmer-1701-125609.html

27 https://www.welt.de/themen/weltbild/

28 https://www.nw.de/nachrichten/wirtschaft/8668597_Bertelsmann-gibt-Lexikon-Geschaeft-auf.html

29 https://www.handelsblatt.com/technik/vernetzt/wachsende-bedeutung-mehr-geld-fuer-industrie-4-0/10704372.html?ticket=ST-283183-6Lm9lWet9ebtiKFi9Uwe-ap3

30 http://www.3d-print-news.de/tag/petra-fastermann/

31 https://www.zukunftsinstitut.de/artikel/technologie/3d-druck-die-stille-revolution/

32 https://www.3d-grenzenlos.de/magazin/zukunft-visionen/villa-aus-3d-drucker-china-27180483/

33 https://www.gs1network.ch/schwerpunkt/2014/trends-und-innovationen-2-2014/item/1210-3d-drucker-revolutionieren-die-supply-chain.html

34 https://www.ibusiness.de/aktuell/db/334386veg.html

35 http://www.3sat.de/mediathek/?mode=play&obj=39875

36 Richard David Precht, *Tiere denken. Vom Recht der Tiere und den Grenzen des Menschen*. München 2018. S.372-378

37 Richard David Precht, *Tiere denken. Vom Recht der Tiere und den Grenzen des Menschen.* München 2018. S. 372-378

38 https://www.umwelt-im-unterricht.de/hintergrund/fleischkonsum-klima-und-umweltbilanz/

39 https://www.zukunftsinstitut.de/artikel/food/zukunft-des-fleischkonsums/

40 https://e-resident.gov.ee/

41 https://t3n.de/magazin/digitalisierung-bildung-demokratisiert-humboldts-schoene-241167/

42 https://www.tagesspiegel.de/weltspiegel/sonntag/digitale-kindheit-school-of-one-technik-im-klassenzimmer/12249046.html

43 https://t3n.de/magazin/digitalisierung-bildung-demokratisiert-humboldts-schoene-241167/

44 https://t3n.de/magazin/noten-mitarbeitersuche-mehr-entscheidend-sind-diplom-241276/

45 https://t3n.de/magazin/digitalisierung-bildung-demokratisiert-humboldts-schoene-241167/

46 https://www.welt.de/wirtschaft/article163487944/Amazon-Chef-auf-der-Ueberholspur-ins-Weltall.html

47 https://www.giga.de/unternehmen/google-x/

48 http://www.spiegel.de/spiegel/print/d-125300634.html

49 https://amp.businessinsider.com/alphabets-google-x-killed-over-100-moonshot-projects-in-2015-2016-2

50 https://www.engadget.com/2017/11/09/project-loon-delivers-internet-100-000-people-puerto-rico/?guccounter=1

51 https://www.finanzmonitor.com/geld-anlegen/zitat-geld-finanzen-sparen/

52 Der Brain-Trust. S. 173f.

53 https://de.wikipedia.org/wiki/Disruptive_Technologie

54 Peter Thiel, *Zero to One. Wie Innovation unsere Gesellschaft rettet,* Frankfurt a. M. 2014, S. 12.

55 Alexander Osterwalder, Yves Pigneur, *Business Model Generation. Ein Handbuch für Visionäre, Spielveränderer und Herausforderer,* Frankfurt a. M. 2011, Vorwort.

56 https://t3n.de/news/tesla-chef-will-e-auto-fuer-25000-dollar-bauen-1102982/

57 https://omr.com/de/gymshark-fitness-ben-francis/

58 https://www.siemens.com/investor/pool/de/investor_relations/Siemens_GB2017.pdf

59 https://newsroom.fb.com/company-info/

60 http://d18rn0p25nwr6d.cloudfront.net/CIK-0001326801/c826def3-c1dc-47b9-99d9-76c89d6f8e6d.pdf

61 https://de.statista.com/statistik/daten/studie/195387/umfrage/anzahl-der-mitarbeiter-von-google-seit-2001/ Daten nicht kostenfrei erhältlich

62 https://de.statista.com/statistik/daten/studie/541785/umfrage/umsatz-von-google-weltweit/ Daten nicht kostenfrei erhältlich

63 https://media.daimler.com/marsMediaSite/de/instance/ko/Daimler-erneut-mit-Rekordergebnissen-Absatz-Umsatz-und-EBIT-auf-hoechstem-Niveau--Erhoehung-der-Dividende-auf-365--vorgeschlagen.xhtml?oid=32993297

64 https://www.einfachstartup.de/wp-content/uploads/2017/07/the_next_unicorn_2.3.compressed.pdf

65 https://www.gewerkschaftsgeschichte.de/frauen-erwerbstaetigkeit.html

66 https://www.gesetze-im-internet.de/gg/art_1.html

67 https://www.bpb.de/geschichte/deutsche-einheit/lange-wege-der-deutschen-einheit/47242/arbeitslosigkeit?p=all

68 https://www.trendsderzukunft.de/elon-musk-tesla-chef-spricht-sich-fuer-ein-bedingungsloses-grundeinkommen-aus/

69 https://www.heise.de/newsticker/meldung/Roboter-statt-Arbeiter-Foxconn-bescheidener-bei-Automatisierungsplaenen-3583788.html

70 http://www.manager-magazin.de/finanzen/artikel/sap-bill-mcdermott-kassiert-21-8-millionen-euro-im-jahr-2017-a-1196734.html

71 https://www.xing.com/news/klartext/warum-ich-mich-fur-das-grundeinkommen-einsetze-2414

72 https://www-genesis.destatis.de/genesis/online/link/tabellen/12411*

73 http://www.poeteus.de/zitat/Probleme-kann-man-niemals-mit-derselben-Denkweise-l%C3%B6sen-durch-die-sie-entstanden-sind/10

74 https://www.grundeinkommen.ch

75 https://zitatezumnachdenken.com/henry-ford/5076

76 https://upload-magazin.de/blog/16055-alexa-sprachassistenten/

77 https://chitika.com/2013/06/07/the-value-of-google-result-positioning-2/

78 https://support.google.com/webmasters/answer/7451184?hl=de

79 https://de.ryte.com/wiki/Quality_Rater_Guidelines

80 https://searchengineland.com/anatomy-of-a-google-snippet-38357

81 https://www.searchmetrics.com/de/suite/content-performance/

82 https://meedia.de/2017/06/28/weltgroesstes-social-network-facebook-hat-mehr-als-2-milliarden-aktive-nutzer/

83 https://www.cnbc.com/2017/02/01/mark-zuckerberg-video-mega-trend-like-mobile.html

84 https://de.statista.com/themen/1996/pinterest/

85 Deep Focus Intelligence Group, US Pinterest audience study, March 2017

86 https://de.statista.com/themen/2546/snapchat/

87 https://www.handelsblatt.com/unternehmen/it-medien/playback-app-musical-ly-plant-strategiewechsel/20916780.html?ticket=ST-410654-naq3YkQkopa9GdfF1rXx-ap3

88 https://webmasters.googleblog.com/2016/11/mobile-first-indexing.html

89 https://info.ecosia.org/about

90 https://news.microsoft.com/de-de/oekologisch-webseite-ecosia-bing/

91 http://documents.ecosia.org/

92 https://www.similarweb.com/website/ecosia.org#overview

93 https://www.internetworld.de/onlinemarketing/bing/bing-unterschaetzte-suchmaschine-1234923.html

94 http://zitate.net/mahatma-gandhi-zitate

95 https://www.rolandberger.com/de/press/Start-ups-sind-die-wichtigsten-Innovatoren-f%C3%BCr-K%C3%BCnstliche-Intelligenz-%E2%80%93-Europa-m.html

96 https://www.handelszeitung.ch/management/darin-liegt-das-geheimnis-von-warren-buffett-1441155

97 https://t3n.de/news/500-millionen-euro-projekt-scheitert-lidl-blaest-sap-software-ab-1095673/

98 https://www.eurotransport.de/artikel/neue-it-loesungen-fuer-dhl-500-millionen-euro-verbrannt-8035012.html

99 https://www.digital-sales.de/nlp/

100 https://www.pareto-prinzip.net/

101 Elon Musk, *Wie Elon Musk die Welt verändert*, München 2015. S. 350, Anmerkung 65

Stichwortverzeichnis

Nebenbei gründen ohne Risiko

Den Traum vom eigenen Unternehmen hegen viele. Wer möchte schließlich nicht Chef in der eigenen, erfolgreichen Firma sein? Doch was die meisten vor dem Abenteuer Selbstständigkeit zurückschrecken lässt, ist das Risiko, den Lebensunterhalt eventuell nicht mehr finanzieren zu können. Dabei gibt es eine naheliegende Lösung – indem man das Unternehmen neben dem Broterwerb startet.

Die Vorteile liegen auf der Hand: geringes finanzielles Risiko, die Möglichkeit, das Geschäftsmodell erst einmal zu testen und die Option, sich bei Erfolg immer noch ganz dem eigenen Unternehmen verschreiben zu können. Doch auch bei einer Gründung neben dem Job muss einiges bedacht werden: Wie hält man den finanziellen und zeitlichen Aufwand gering? Welche Punkte sollte man beim Gründen beachten? Wie stellt man sicher, dass sich das Geschäftsmodell trägt?

256 Seiten | Softcover | 16,99 € (D) | ISBN 978-3-86881-661-7

www.redline-verlag.de

REDLINE | VERLAG